爱上家常菜

李光健／主编

吉林科学技术出版社

作者简介

李光健 中国注册烹饪大师，国际烹饪艺术大师，国家一级评委，国际餐饮专家评委，国家职业技能竞赛裁判员，国家中式烹调高级技师，国家公共高级营养师高级技师，国际餐饮协会专家评委，中国烹饪协会理事，名厨委员会委员。

获第六届全国烹饪技能大赛团体金奖、个人金奖，第三届全国技能创新大赛特金奖，首届国际中青年争霸赛金奖，第26届中国厨师节"中国名厨新锐奖"，2015年年度中国最受瞩目的"青年烹饪艺术家"，2014年中国青年烹饪艺术家，第七届全国烹饪技能大赛评委。

编委会（排名不分先后）

杨景辉 兰晓波 苑立梅 邵 雷 李光明 李新生 李东阳 乔洪岩
闫洪毅 刘梦宇 朱宝良 于瑞强 袁德勇 袁德日 何永安 苑福生
迟 萌 王振男 李 豹 王立宝 张金刚 崔殿利 蔡文谦 张广华
王立辉 王喜庆 王立志 徐 涛 李海龙 关 磊 田 雨 郭兴超
芮振波 王 健 王洪远 李雪琦 曹永昊 王文涛 杨春龙 关永富
张立新 张 扬 袁福龙 吴桐雨 周帮宪 杨 晨 张立川 蒋征原
廉海涛 杨春龙 关永利 李青春 刘俊媛 王金玲 陈永吉 倪长继
王 宇 孙 鹏 廉红才 窦凤彬 高 伟 高玉才 韩密和 邵志宝
敬邵辉 李 平 王伟晶

目录

第一章 爽口凉菜

第二章 家常小炒

第二章
宴客大菜

第四章 汤羹炖品

第五章 主食小吃

友情提示

1/2小匙≈2.5克　1小匙≈5克
1/2大匙≈7.5克　1大匙≈15克
1/2杯≈125毫升　1大杯≈250毫升

扫描二维码
视频马上看

第一章

爽口凉菜

老虎菜

原料◎调料

黄瓜…………… 1根
青尖椒………… 2个
红椒…………… 1个
香菜…………… 少许
蒜末……………10克
精盐………… 1小匙
香油………… 2小匙
辣椒油……… 1大匙

制作步骤

1 黄瓜用清水洗净，擦净水分，放在案板上，先切成薄片（图①），再切成细丝；红椒去蒂、去籽，洗净，切成丝（图②）。

2 香菜去根，洗净，切成小段（图③）；青尖椒去蒂、去籽，洗净，切成细丝（图④）。

3 把加工好的黄瓜丝、红椒丝、青尖椒丝和香菜段放入大碗中（图⑤），加入蒜末拌匀。

4 加入精盐、香油调拌均匀（图⑥），淋上烧至八成热的辣椒油拌匀，装盘上桌即成。

浪漫藕片

原料◎调料

莲藕………… 400 克
紫甘蓝……… 250 克
柠檬……………… 1 个
白醋………… 4 小匙
蜂蜜………… 2 小匙

制作步骤

1 紫甘蓝切成小块，放入粉碎机中，加入少许清水打碎，过滤后取汁，倒入大碗中，加入白醋、蜂蜜拌匀成味汁；柠檬洗净，切成片。

2 莲藕去皮，洗净，切成薄片，放入沸水锅中焯烫至熟，捞出，过凉，沥水。

3 把莲藕片放入调好的味汁中拌匀，再放入几片柠檬片浸泡，放入冰箱中冷藏2小时，食用时取出，装盘上桌即可。

珊瑚苦瓜

原料◎调料

苦瓜250克，柠檬皮10克，熟芝麻5克。

干红辣椒、葱丝、姜丝各15克，精盐1小匙，味精少许，白糖2小匙，白醋1大匙，香油2大匙，植物油适量。

制作步骤

1 苦瓜去掉瓜瓤，切成小条，加入少许精盐拌匀，腌渍20分钟，取出，沥水；柠檬皮切成细丝；干红辣椒去蒂，剪成段。

2 净锅置火上，加入少许植物油、香油烧热，放入干红辣椒段、葱丝、姜丝、柠檬皮丝炸出香辣味，出锅，盛入小碗中。

3 将苦瓜条挤净水分，放入容器内，加入熟芝麻、白糖、味精、白醋拌匀，倒入炸好的葱丝、姜丝、干红辣椒段、柠檬皮丝拌匀即可。

擂椒茄子

原料◎调料

长茄子……… 400 克
香葱…………… 25 克
香菜…………… 15 克
小米椒………… 10 克
蒜瓣…………… 25 克
精盐………… 1 小匙
生抽…………… 少许
香油………… 2 小匙

制作步骤

1 把长茄子洗净，沥净水分，去掉茄蒂，切成段（图①）；小米椒去蒂，切成碎粒（图②）；香葱择洗干净，切成香葱花。

2 香菜洗净，去根和老叶，切成小段；蒜瓣去皮，剁成蒜末。

3 将茄子段放入蒸锅中（图③），用旺火蒸约10分钟至软烂，取出茄子段，凉凉，撕成小条（图④）。

4 石臼中放入小米椒碎、蒜末和香菜段，然后将其捣碎（图⑤），放入熟茄子条稍捣，加入精盐、生抽和香油捣均匀（图⑥），撒上香葱花，直接上桌即可。

酱拌茄子

原料◎调料

茄子500克，洋葱50克，紫苏30克。

葱末、姜末、蒜末各10克，精盐、花椒油各1小匙，白糖2小匙，酱油、芝麻酱各2大匙，米醋1大匙，蚝油、香油各少许。

制作步骤

1. 茄子放在小火上烤至熟嫩，离火，放入清水中浸泡一下，捞出，去皮，撕成条；洋葱剥去老皮，用清水洗净，切成细丝；紫苏择洗干净，切成细条。
2. 芝麻酱放入大碗中，加入香油、米醋搅匀，再加入酱油、精盐、白糖、蚝油拌匀成酱汁。
3. 酱汁大碗中放入茄子条，淋入花椒油调拌均匀，放入洋葱丝、紫苏细条、葱末、姜末、蒜末拌匀，直接上桌即可。

热拌粉皮茄子

原料◎调料

茄子400克，粉皮150克，胡萝卜、黄瓜各50克，香菜段、熟芝麻各少许。

花椒、葱丝、姜丝、蒜末、干红辣椒各5克，精盐、白糖各2小匙，酱油5小匙，米醋2大匙，香油1小匙，植物油适量。

制作步骤

1. 茄子去蒂，洗净，切成滚刀块，放入淡盐水中浸泡15分钟；胡萝卜去皮，切成丝；黄瓜去蒂，洗净，切成丝；粉皮切成宽条。
2. 锅置火上，加入植物油烧热，下入花椒、干红辣椒炸出香辣味，放入胡萝卜丝炒匀，下入葱丝、姜丝炒香，加入酱油、米醋、精盐、白糖炒至浓稠，出锅，盛入碗中成味汁。
3. 把茄子块攥干水分，放入热油锅中煎至熟，盛入盘中，趁热放上粉皮条、黄瓜丝，撒上蒜末，淋入香油和味汁，撒上香菜段和熟芝麻即可。

清爽沙拉

原料◎调料

生菜………… 200克
黄瓜……………75克
樱桃番茄………50克
黄椒……………50克
红椒……………50克
芝麻……………15克
精盐………… 1小匙
白糖………… 2大匙
白醋………… 1大匙
香油………… 2小匙

制作步骤

1. 生菜洗净，去掉菜根，取生菜嫩叶，撕成小块（图①）；黄瓜用淡盐水浸泡并刷洗干净，沥净水分，切成片（图②）。
2. 樱桃番茄去蒂，洗净，沥水，切成两半；黄椒、红椒分别去蒂，切成小块（图③）；芝麻放入热锅内煸炒至熟，取出，凉凉。
3. 把生菜块、黄瓜片、樱桃番茄、黄椒块、红椒块放在容器内（图④），加入精盐拌匀，再放入白醋和白糖（图⑤）。
4. 用筷子充分搅拌均匀（图⑥），放入冰箱内冷藏，食用时取出，撒上熟芝麻，淋入香油，装盘上桌即可。

滋补果色山药

原料◎调料

山药………… 400 克
牛奶………… 3 大匙
蜂蜜………… 1 大匙
橄榄油……… 2 小匙
草莓酱………… 适量

制作步骤

1. 山药带皮刷洗干净（这样可以有效避免山药去皮时引起的手痒），切成两半，放入蒸锅内，用旺火蒸至熟烂。
2. 取出熟山药段，凉凉，剥去外皮，放在容器内，用勺子压成泥，分两次加入牛奶搅拌均匀，再加入蜂蜜、橄榄油拌匀成山药泥。
3. 将山药泥装在裱花袋内，裱花袋下方剪一个小口，将山药泥挤在杯子内；草莓酱加入清水和少许蜂蜜搅拌均匀，淋在山药泥上即可。

富贵萝卜皮

原料◎调料

白萝卜500克，泰椒25克，香菜段少许。

姜块15克，蒜瓣10克，白糖3大匙，米醋2大匙，海鲜酱油1大匙，花椒油1小匙，香油2小匙，辣鲜露少许。

制作步骤

1. 白萝卜洗净，切成段，片取白萝卜皮，切成小条，加入白糖拌匀，腌渍1小时；泰椒去蒂，切成小段；蒜瓣、姜块分别去皮，切成小片。
2. 把泰椒段、姜片、蒜片放在容器内，加入米醋、海鲜酱油、花椒油、香油、辣鲜露和少许白糖搅匀成味汁，放入腌渍好的白萝卜皮拌匀，用保鲜膜密封。
3. 把白萝卜皮放入冰箱内冷藏10小时至入味，食用时取出，码放在盘内，淋上少许腌萝卜皮的味汁，撒上香菜段即可。

老家泡菜

原料◎调料

白萝卜………300克
黄瓜…………100克
胡萝卜…………75克
甘蓝……………75克
泡椒（带汁）…25克
精盐…………1大匙
白糖…………2小匙
白醋……………少许
辣椒油…………适量

制作步骤

1. 白萝卜洗净，削去外皮，去根，先切成长条（图①），再切成1厘米大小的丁；胡萝卜去皮，也切成1厘米大小的丁（图②）。
2. 黄瓜洗净，从中间切开，切成长条，再切成丁（图③）；甘蓝洗净，去掉菜根，切成小块；取出泡椒，切成丁（图④）。
3. 将白萝卜丁、胡萝卜丁、黄瓜丁、甘蓝块放入容器内，加入泡椒丁和腌泡椒的汁（图⑤）。
4. 容器内再加入精盐、白醋和白糖（图⑥），搅拌均匀，放入冰箱内冷藏腌泡24小时，食用时取出，淋上辣椒油，直接上桌即成。

辣酱黄瓜卷

原料◎调料

黄瓜、胡萝卜各1根，白梨1个，熟芝麻少许。

蒜蓉10克，精盐1/2大匙，甜辣酱1大匙，香油适量。

制作步骤

1 胡萝卜去根，洗净，切成细丝，加入精盐拌匀，腌渍片刻，攥干水分；白梨削去外皮，切成细丝；黄瓜洗净，用刮皮刀刮成长条片。

2 小碗内加入甜辣酱、香油、蒜蓉和少许精盐调匀，再放入胡萝卜丝、熟芝麻拌匀。

3 把黄瓜片放在案板上铺平，从一侧放上少许胡萝卜丝和白梨丝，卷成卷，码放在盘中，直接上桌即可。

炝拌三丝

原料◎调料

白萝卜……… 200 克
胡萝卜……… 150 克
土豆………… 100 克
精盐………… 1 小匙
白糖………… 1 大匙
米醋………… 2 小匙
花椒油……… 4 小匙

制作步骤

1. 白萝卜去根，削去外皮，洗净，切成细丝；胡萝卜、土豆分别去皮，洗净，也切成细丝。
2. 锅中加入清水烧沸，下入白萝卜丝、胡萝卜丝、土豆丝焯烫一下，捞出，过凉，沥水。
3. 把白萝卜丝、土豆丝、胡萝卜丝放入大碗中，加入精盐、白糖、米醋拌匀，淋入烧热的花椒油烫出香味，装盘上桌即可。

新派蒜泥白肉

原料◎调料

猪五花肉1块(约750克)，黄瓜150克，芹菜、红尖椒、熟芝麻各少许。

蒜瓣50克，精盐少许，白糖、花椒粉、香油各2小匙，酱油1大匙，辣椒油2大匙。

制作步骤

1. 芹菜、红尖椒分别洗净，均切成碎末；蒜瓣去皮，剁成蒜泥，放入碗中，加入芹菜末、红尖椒末、精盐、辣椒油、香油、熟芝麻、酱油、花椒粉和白糖调匀成蒜泥味汁。
2. 把黄瓜洗净，沥净水分，放在案板上，用平刀法片成大薄片。
3. 猪五花肉洗净，放入清水锅中烧沸，转小火煮至熟，捞出，凉凉，切成长条薄片，放在黄瓜薄片上，用筷子卷好成筒形，码放在盘中，浇淋上调拌好的蒜泥味汁，直接上桌即可。

家常叉烧肉

原料◎调料

猪里脊肉 750 克。

八角 2 个，葱段、姜片各 15 克，精盐 1/2 小匙，料酒 4 大匙，白糖、酱油、红曲米各 1 大匙，蜂蜜 2 小匙，植物油 2 大匙。

制作步骤

1. 猪里脊肉洗净，表面剞上一字刀，切成大块，放在容器内，加入酱油、精盐、料酒、葱段和姜片拌匀，腌渍20分钟。
2. 锅内加入植物油烧热，下入里脊肉块，用小火煎5分钟，取出；锅内再放入八角、腌里脊肉用的葱段和姜片，用旺火煸炒出香味。
3. 烹入料酒，加入酱油、红曲米、少许精盐、白糖和清水煮沸，倒入里脊肉块，转小火炖1小时至熟烂，改用旺火收浓汤汁，加入蜂蜜裹匀，出锅，凉凉，改刀切成条块即成。

椒香腰花

原料◎调料

猪腰…………400 克
红尖椒…………25 克
香葱……………15 克
蒜末……………25 克
精盐…………1 小匙
酱油…………1 大匙
米醋…………1 大匙
鸡精……………少许
香油…………2 小匙
花椒油………2 小匙

制作步骤

1. 猪腰剖成两半，片去白色腰臊（图①），在内侧剞上十字花刀（图②），再把猪腰切成大块，用清水浸泡片刻，捞出。
2. 香葱去根，洗净，切成香葱花（图③）；红尖椒去蒂去籽，切成椒圈（图④）。
3. 蒜末放在小碗内，加入精盐、酱油、米醋、鸡精、香油、花椒油调拌均匀成味汁。
4. 锅中加入清水烧沸，倒入猪腰块焯烫至熟嫩，捞出猪腰（图⑤），放入冷水中浸泡片刻，捞出，沥水，码放在盘内，撒上香葱花、红尖椒圈，淋上调好的味汁即成（图⑥）。

肉皮冻

原料◎调料

猪肉皮 200 克，胡萝卜、黄瓜片各 50 克，香干、青豆各少许。

葱段、姜片、桂皮、八角、香叶各少许，精盐 2 小匙，白糖 1 大匙，料酒 2 大匙，酱油、胡椒粉各 1 小匙。

制作步骤

1. 将猪肉皮去掉白膘，刮净绒毛，用清水浸泡并洗净，捞出，沥水，切成丝；胡萝卜去皮，洗净，切成小丁；香干也切成小丁。
2. 锅置火上，放入清水、葱段、姜片、桂皮、八角、香叶烧沸，加入精盐、白糖、料酒、酱油、胡椒粉煮10分钟，放入猪皮丝煮沸。
3. 倒入高压锅内压30分钟，放入胡萝卜丁、香干丁和青豆拌匀，出锅，倒在容器内，凉凉，放入冰箱内冷藏成肉皮冻，食用时取出，切成条块，码放在盘内，用黄瓜片加以点缀即可。

茄汁拌肥牛

原料◎调料

肥牛片300克，番茄100克，洋葱50克，花生碎、柠檬皮各10克，薄荷叶、红椒各少许。

蒜瓣15克，精盐1小匙，味精少许，白糖、酱油、香油各适量。

制作步骤

1. 番茄洗净，切成小块；洋葱洗净，切成细末；蒜瓣去皮，切成蒜片；红椒去蒂及籽，洗净，切成丁；柠檬皮洗净，切成丝。
2. 净锅置火上，加入适量清水烧沸，放入精盐和肥牛片焯烫至熟，捞出，沥水。
3. 把番茄块、洋葱末、蒜片、红椒丁一同放入容器中，加入精盐、白糖、酱油、香油、柠檬皮丝、味精拌匀成味汁，放入熟肥牛片拌匀，撒上薄荷叶和花生碎，装盘上桌即可。

家常酱牛腱

原料◎调料

牛腱肉………1000 克
葱段……………15 克
姜片……………20 克
干红辣椒……… 5 克
草果、豆蔻 … 各少许
八角、花椒 … 各少许
桂皮、小茴香… 各少许
酱油………… 2 大匙
黄酱………… 1 大匙
精盐………… 1 小匙
白糖………… 2 小匙
料酒、植物油… 各适量

制作步骤

1 用流水洗净牛腱肉表面污物，整块放入凉水锅内（图①），用旺火烧沸，撇去表面的血沫（图②），改用中火煮15分钟，捞出，沥水。

2 净锅置火上，加入植物油烧热，放入葱段、姜片和干红辣椒炝锅，放入草果、豆蔻、八角、花椒、桂皮、小茴香炒匀（图③）。

3 放入酱油、黄酱、精盐、白糖、料酒和清水烧沸，加入焯烫好的牛腱肉（图④），用小火酱焖1小时至牛腱肉熟嫩，捞出牛腱肉（图⑤）。

4 保鲜纸放在案板上，摆上酱好的牛腱肉，卷起成牛肉卷（图⑥），去掉保鲜纸，把牛腱肉切成片或块，码盘上桌即可。

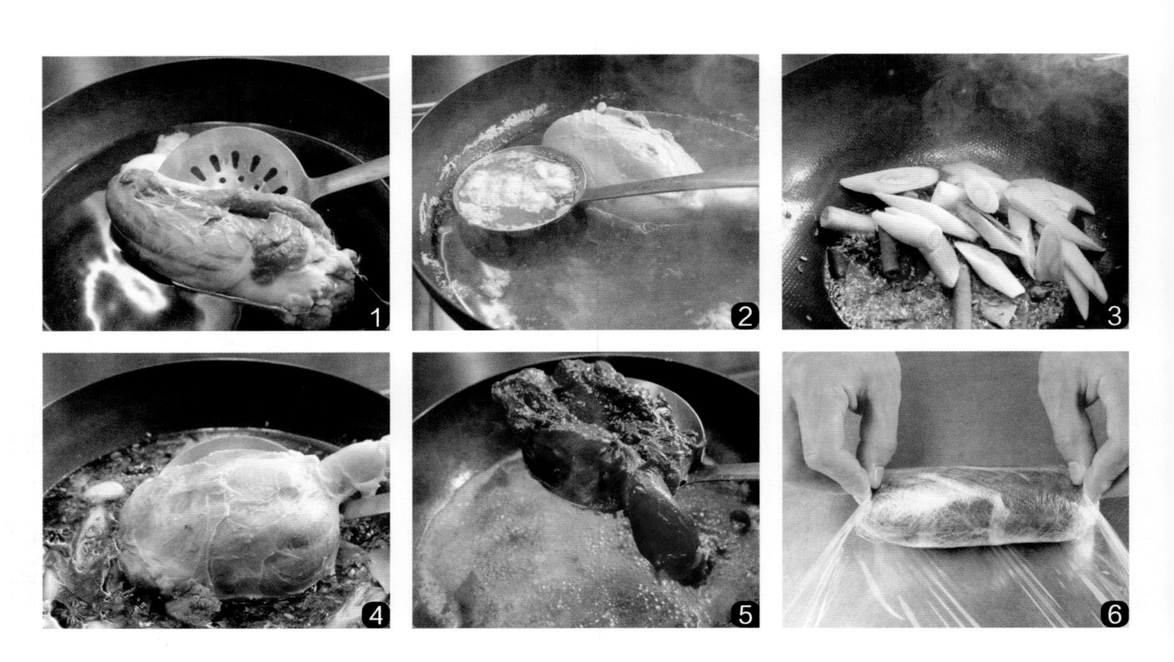

口水鸡

原料◎调料

净三黄鸡……… 1只
熟芝麻………… 25克
香葱…………… 15克
红尖椒………… 10克
蒜瓣、葱段 … 各少许
姜片、干红辣椒 …各少许
香叶、桂皮 … 各少许
花椒、八角 … 各少许
精盐……………2小匙
料酒、生抽 … 各1大匙
酱油、米醋 … 各4小匙
白糖、辣椒油 … 各适量

制作步骤

1. 净三黄鸡放入冷水锅内，加入葱段、姜片、干红辣椒、香叶、桂皮、花椒和八角（图①），烧沸后撇去浮沫，加入少许精盐和料酒煮1小时（图②），捞出（图③），沥水，凉凉。

2. 香葱去根和老叶，切成香葱花；蒜瓣去皮，剁成蒜末；红尖椒去蒂，洗净，切成椒圈。

3. 把熟三黄鸡放在案板上，剁成大小均匀的块（图④），码放在盘中。

4. 取一大碗，放入切好的蒜末和红尖椒圈，加入少许精盐、生抽和酱油，放入米醋、白糖和辣椒油（图⑤），调拌均匀成口水味汁，淋在鸡块上（图⑥），撒上熟芝麻和香葱花即可。

芥末鸭掌

原料◎调料

鸭掌………… 400 克
黄瓜………… 100 克
葱段、姜片… 各 10 克
蒜末……………15 克
绿芥末……… 1 大匙
料酒………… 1 大匙
酱油………… 1 大匙
精盐………… 2 小匙
米醋………… 1 小匙
白糖…………… 少许
香油…………… 适量

制作步骤

1 将鸭掌洗净，放入清水锅内，加入葱段、姜片（图①），烹入料酒，加入精盐，用中火煮20分钟至熟（图②），捞出，过凉。

2 把熟鸭掌沥净水分，剔去鸭掌骨（图③），放在容器内，加入蒜末、少许精盐、米醋、白糖拌匀（图④）。

3 黄瓜洗净，擦净水分，切成大片（图⑤），码放在盘内垫底，上面整齐地码放上熟鸭掌。

4 绿芥末放在碗内，加入2大匙沸水，盖盖后闷10分钟，加入精盐、米醋、酱油、白糖和香油拌匀成味汁（图⑥），与鸭掌一起上桌即可。

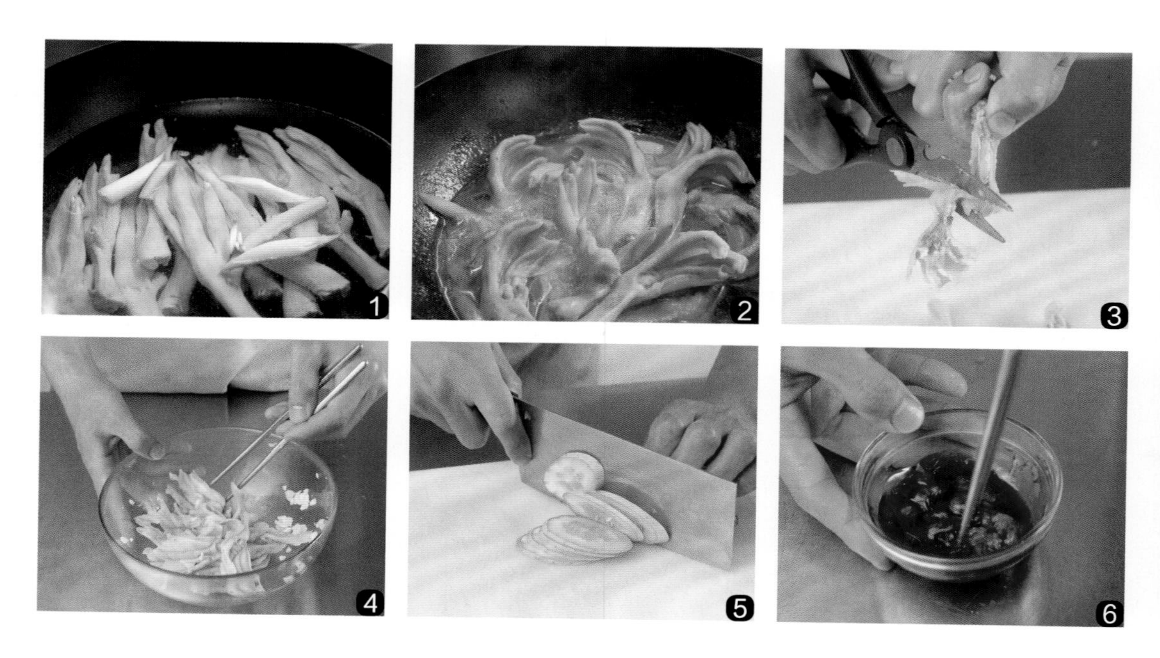

香辣鸭脖

原料◎调料

鸭脖 750 克。

葱段、姜片各 15 克，香叶、丁香、砂仁、花椒、桂皮、八角、草蔻、干红辣椒、小茴香、红曲米各少许，精盐、白糖各 1 小匙，料酒 4 大匙，香油 2 小匙。

制作步骤

1. 鸭脖去除杂质，剁成大块，放入容器中，加入葱段、姜片和精盐拌匀，腌渍30分钟。
2. 锅置火上，放入少许葱段、姜片、香叶、砂仁、草蔻、小茴香、花椒、丁香、八角、桂皮炒香，加入料酒、白糖、红曲米、干红辣椒和适量清水烧沸，改用中火煮30分钟成酱汁。
3. 酱汁锅内放入鸭脖煮至熟，关火，在汤汁中浸泡至入味，取出，凉凉，刷上香油即可。

如意蛋卷

原料◎调料

猪肉末200克，鸡蛋3个，紫菜2张，枸杞子10克。

葱末、姜末各5克，精盐、胡椒粉各1小匙，料酒、香油各1大匙，水淀粉、淀粉、植物油各适量。

制作步骤

1. 猪肉末放在容器内，放入葱末、姜末、精盐、料酒、香油、胡椒粉和1个鸡蛋拌匀，加入剁碎的枸杞子拌匀成馅料，静置30分钟。
2. 2个鸡蛋磕入碗内，加入水淀粉和少许精盐拌匀，入锅摊成鸡蛋皮，取出，放在案板上，摆上紫菜，撒上淀粉，涂抹上馅料，再撒上少许淀粉，从两端朝中间卷起成如意蛋卷生坯。
3. 笼屉刷上少许植物油，码放上如意蛋卷生坯，放入蒸锅内蒸20分钟，取出蒸好的如意蛋卷，凉凉，切成大片，码盘上桌即可。

蛋皮菜卷

原料◎调料

小白菜……… 300 克
鸡蛋……………… 4 个
精盐………… 1 小匙
米醋……… 1/2 大匙
水淀粉……… 2 小匙
面粉………… 2 大匙
植物油……… 1 大匙
香油……………… 少许

制作步骤

1 小白菜洗净，去掉菜根和老叶，切成段，放入清水锅内（图①），加上少许精盐焯烫一下，捞出小白菜（图②），过凉，沥净水分。

2 小白菜段放在容器内，加上精盐、米醋和香油拌匀（图③）；鸡蛋磕入碗内，加上少许精盐、面粉、水淀粉拌匀成鸡蛋液（图④）。

3 平锅置火上烧热，刷上植物油，倒入鸡蛋液，转动平锅使蛋液均匀平铺在锅底，看到蛋皮边缘与锅壁脱离，取出成鸡蛋皮（图⑤）。

4 将鸡蛋皮放在案板上，在一侧摆上加工好的小白菜，把鸡蛋皮卷起成蛋皮菜卷，切成大小均匀的块（图⑥），码盘上桌即可。

鲜汁拌海鲜

原料◎调料

毛蚶………… 200 克
海螺………… 200 克
鲜虾仁……… 100 克
黄瓜…………… 适量
精盐………… 1 小匙
海鲜酱油…… 1 大匙
料酒………… 1 大匙
白糖…………… 少许
香油………… 2 小匙

制作步骤

1 把毛蚶、海螺放入淡盐水中浸泡并刷洗干净，捞出，放入冷水锅内（图①），用旺火煮沸，捞出毛蚶、海螺，用冷水过凉。

2 毛蚶去壳，取毛蚶肉（图②），去掉杂质，每个片成两半（图③）；海螺敲碎外壳，取出海螺肉，去掉杂质，洗净，切成大片（图④）。

3 净锅置火上，加入清水、少许精盐和料酒烧沸，倒入鲜虾仁、毛蚶肉、海螺肉，快速焯烫一下，捞出，沥水（图⑤）。

4 黄瓜洗净，切成丝，放在容器内垫底；把虾仁、毛蚶肉、海螺肉放在大碗内，加入精盐、海鲜酱油、白糖和香油拌匀（图⑥），放在盛有黄瓜丝的容器内，直接上桌即可。

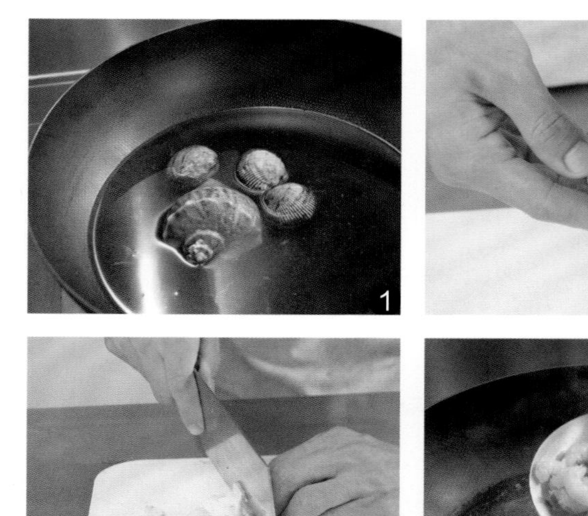

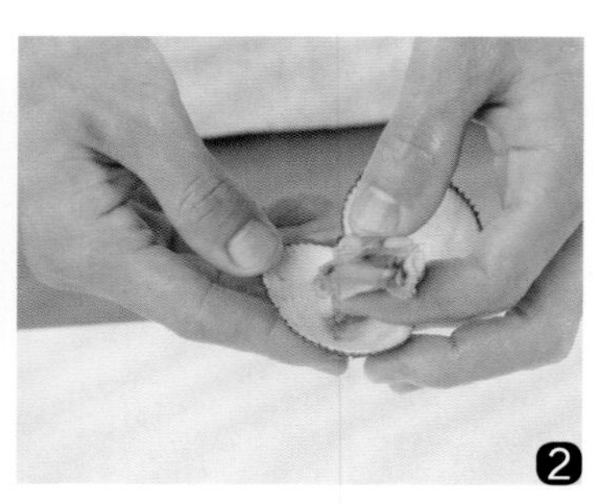

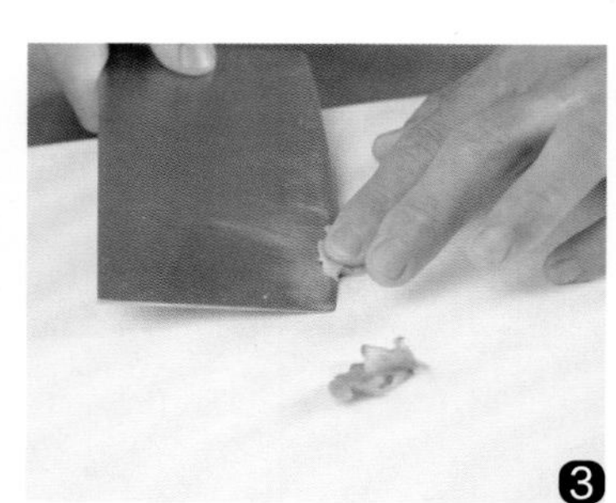

酥醉小平鱼

原料◎调料

小平鱼 500 克，红椒圈 25 克。

花椒少许，葱丝、姜片各 10 克，精盐、味精各 1 小匙，五香粉 4 小匙，白糖 1 大匙，米醋 2 小匙，酱油、料酒各 2 大匙，植物油适量。

制作步骤

1. 小平鱼洗涤整理干净，表面剞上花刀，放入碗中，加入花椒、精盐、味精、料酒、姜片、葱丝拌匀，腌渍20分钟。
2. 锅中加入清水、花椒、五香粉、酱油、白糖、米醋烧沸，再加入料酒、葱丝、姜片、红椒圈，用小火煮10分钟，倒入容器内成味汁。
3. 锅内加入植物烧至七成热，放入小平鱼炸至酥，捞出，沥油，放入调好的味汁中浸泡至入味，取出，装盘，淋入少许腌泡的味汁即可。

菠萝沙拉拌鲜贝

原料◎调料

鲜贝 350 克，菠萝肉、黄瓜块各 100 克，洋葱、红椒各 25 克，鸡蛋 1 个。

精盐、胡椒粉各 1 小匙，味精少许，面粉、沙拉酱各 3 大匙，植物油适量。

制作步骤

1. 将鲜贝轻轻攥去水分，切成两半，放入碗中，加入胡椒粉、精盐、味精拌匀，腌渍10分钟。
2. 鸡蛋磕入碗中，加入面粉、少许植物油调拌均匀成鸡蛋糊；红椒、洋葱分别洗净，均切成三角块；菠萝肉洗净，切成小块。
3. 将腌好的鲜贝放入鸡蛋糊中裹匀，放入热油锅中炸至熟透，捞出，沥油，放入大碗中，加入沙拉酱、菠萝块、黄瓜块、红椒块、洋葱块拌匀，装盘上桌即可。

爽口海蜇头

原料◎调料

水发海蜇头… 400克
蒜瓣……………15克
大葱……………10克
精盐………… 1小匙
料酒………… 1大匙
米醋………… 2大匙
生抽………… 2小匙
香油………… 1小匙
花椒油………… 少许

制作步骤

1 将蒜瓣剥去外皮，切成蒜片；大葱洗净，切成小段；把水发海蜇头漂洗干净，放在容器内，加上少许清水揉搓均匀（图①），捞出。

2 净锅置火上，加入清水、葱段和料酒煮至微沸，倒入水发海蜇头，快速焯烫一下，捞出，过凉，沥水，片成小片（图②）。

3 把水发海蜇头片和蒜片放入容器内（图③），放入精盐、米醋、生抽和香油（图④），用筷子搅拌均匀（图⑤），淋入花椒油拌匀，码放在深盘内（图⑥），直接上桌即可。

海蜇皮拌白菜心

原料◎调料

水发海蜇皮、白菜心各200克，香菜段20克。

干红辣椒15克，花椒10克，精盐、蜂蜜各1小匙，酱油1大匙，米醋2大匙，香油2小匙，植物油适量。

制作步骤

1. 水发海蜇皮切成细丝，漂洗干净，放入沸水锅内，快速焯烫一下，捞出，沥水；将白菜心洗净，切成细丝；干红辣椒剪成小段。
2. 锅中加入植物油烧热，下入干红辣椒段、花椒炸出香味，出锅，凉凉成麻辣油；碗内加入精盐、米醋、酱油、香油、蜂蜜拌匀成味汁。
3. 把海蜇皮丝、白菜丝放入盘中，倒入调好的味汁拌匀，再淋入麻辣油，撒上香菜段即成。

温拌蜇头蛏子

原料◎调料

蛏子 300 克，水发海蜇头 50 克，黄瓜丝、豆皮丝、水发木耳各 30 克，青椒、红椒、香菜段各 15 克。

葱丝、姜丝、蒜片各 15 克，精盐、味精、白糖、蚝油、海鲜酱油、生抽、植物油、香油各适量。

制作步骤

1. 蛏子放入沸水锅内，加入葱丝、姜丝、蒜片煮至开壳，捞出蛏子，去壳，取净蛏肉；海蜇头洗净，切成小片；水发木耳撕成小朵；青椒、红椒去蒂及籽，洗净，切成椒圈。
2. 锅中加入植物油烧热，下入葱丝、姜丝、蒜片、青椒圈、红椒圈炒香，加入精盐、味精、白糖、海鲜酱油、蚝油、生抽熬煮成味汁。
3. 豆皮丝、水发木耳、水发海蜇头片放入沸水锅内焯烫一下，捞出，过凉，加入净蛏肉、黄瓜丝和味汁拌匀，撒上香菜段，淋入香油即可。

第二章

家常小炒

莲藕炒肉

原料◎调料

莲藕………… 250 克
猪肉末……… 125 克
香葱……………15 克
蒜片、姜片 …各 10 克
干红辣椒……… 5 克
精盐…………… 少许
酱油………… 1 大匙
料酒………… 1 大匙
水淀粉……… 1 小匙
香油………… 1 小匙
植物油………… 适量

制作步骤

1 莲藕洗净，削去外皮，去掉藕节，放在案板上，先切成厚片（图①），再改刀切成1厘米大小的丁（图②）；香葱去根和老叶，洗净，切成香葱花；干红辣椒去蒂，掰成小段。

2 净锅置火上，倒入清水烧沸，放入莲藕丁焯烫3分钟，捞出莲藕丁（图③），沥净水分。

3 净锅复置火上，倒入植物油烧热，加入猪肉末炒至变色，加入干红辣椒段继续煸炒一下（图④），烹入料酒，加入蒜片、姜片炒匀。

4 倒入莲藕丁炒匀（图⑤），加入精盐、酱油调好口味，用旺火翻炒均匀（图⑥），用水淀粉勾薄芡，淋上香油，撒上香葱花即可。

甜蜜豆炒山药

原料◎调料

山药 300 克，甜蜜豆 200 克，水发木耳 50 克，枸杞子少许。

葱花 10 克，精盐 2 小匙，味精 1 小匙，水淀粉、植物油各适量。

制作步骤

1. 山药去皮，切成薄片；甜蜜豆择洗干净，切成小段；水发木耳撕成块；小碗内放入枸杞子、水淀粉、精盐、味精及少许清水拌匀成味汁。
2. 锅中加入清水烧沸，放入水发木耳块、甜蜜豆、山药片焯烫一下，捞出，过凉，沥水。
3. 锅内加入植物油烧至七成热，下入葱花炒出香味，倒入调好的味汁，放入甜蜜豆、山药片和水发木耳块炒匀，出锅装盘即可。

萝卜干腊肉炝芹菜

原料◎调料

芹菜250克，腊肉100克，咸萝卜干80克，红辣椒30克，青蒜20克。

葱末、姜末各5克，泡椒碎1大匙，白糖、酱油各1小匙，醪糟4小匙，植物油2大匙。

制作步骤

1. 腊肉放入蒸锅内蒸至熟，取出，凉凉，切成小片；青蒜去根，洗净，切成小粒；红辣椒洗净，切成小条；芹菜洗净，切成小段，放入沸水锅内焯烫一下，捞出，沥水，放入盘内。
2. 锅置火上，加入植物油烧至六成热，下入葱末、姜末、泡椒碎炒出香辣味，放入咸萝卜干翻炒一下，放入腊肉片炒匀。
3. 加入醪糟、酱油、白糖、青蒜粒、红辣椒条翻炒均匀，出锅，放在盛有芹菜段的盘中即可。

白果莴笋虾

原料◎调料

莴笋………… 250 克
虾仁………… 125 克
红椒……………30 克
白果（罐装）…25 克
姜片…………… 5 克
精盐………… 1 小匙
白糖…………… 少许
水淀粉……… 2 小匙
香油…………… 少许
植物油……… 2 大匙

制作步骤

1 莴笋削去外皮，去掉笋筋（图①），取嫩莴笋肉，切成小块（图②）；取出罐装白果，沥净水分；红椒去蒂、去籽，切成菱形小块。

2 虾仁去掉虾线，放入沸水锅内，加入少许精盐焯烫至变色，捞出虾仁（图③），沥净水分。

3 把白果、莴笋块、红椒块放入沸水锅内，快速焯烫1分钟，捞出（图④），沥水。

4 净锅置火上，加入植物油烧热，放入姜片煸香（图⑤），倒入莴笋块、红椒块、白果和虾仁炒匀，加入精盐和白糖稍炒，用水淀粉勾芡（图⑥），淋入香油，出锅上桌即可。

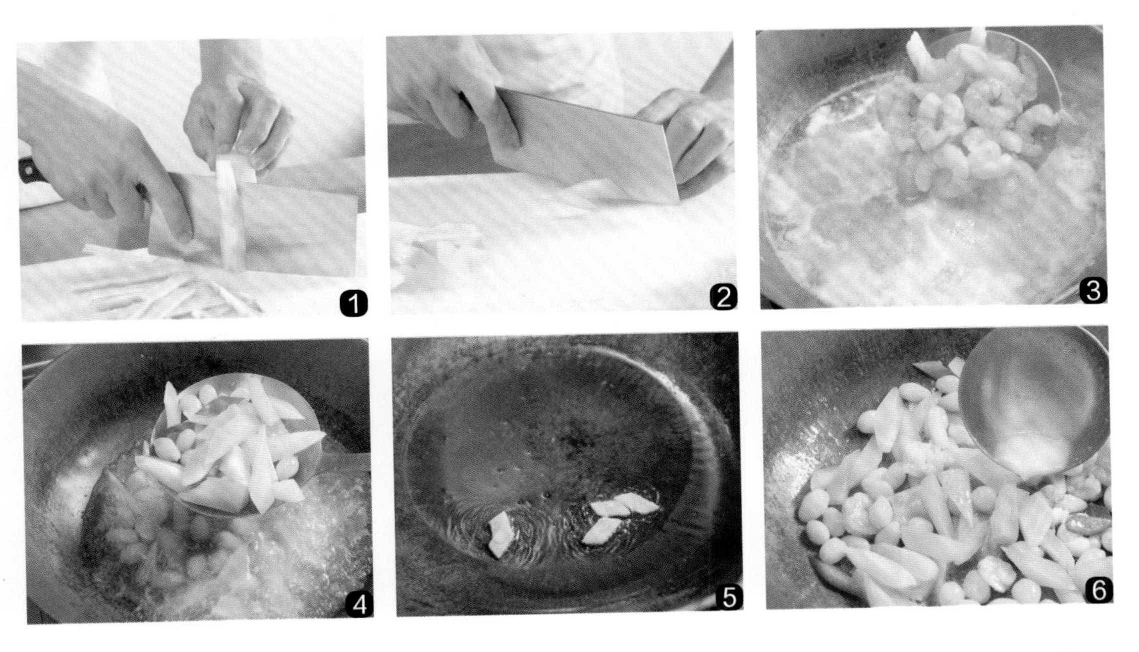

姜汁炝芦笋

原料◎调料

芦笋250克，香肠75克，彩椒、鲜百合各50克。

姜末15克，精盐、味精、白糖、胡椒粉、水淀粉、植物油各适量。

制作步骤

1. 芦笋去根，削去老皮，切成小段，放入沸水锅内焯烫一下，捞出，沥水；香肠切成片；彩椒洗净，切成小条。
2. 鲜百合取嫩百合瓣，洗净，放入碗中，加入姜末、精盐、白糖、胡椒粉、味精、水淀粉及少许清水调匀成味汁。
3. 净锅置火上，加入植物油烧至六成热，放入芦笋段、香肠片稍炒，倒入味汁翻炒均匀，撒上彩椒条炒匀，出锅装盘即成。

石锅豉椒娃娃菜

原料◎调料

娃娃菜500克，泡椒、小米椒、香葱各15克。

蒜瓣10克，老干妈豆豉2大匙，海鲜酱油1大匙，花椒粉、鸡精各1小匙，精盐、白糖各少许，植物油3大匙。

制作步骤

1. 娃娃菜洗净，切成长条，放入热油锅内煸炒出水分，出锅；泡椒、小米椒洗净，切成小丁；香葱择洗干净，切成段；蒜瓣去皮，拍散。
2. 净锅置火上，加入植物油烧至六成热，放入蒜瓣煸香，加入泡椒、小米椒、香葱段、花椒粉、海鲜酱油和老干妈豆豉炒出香辣味。
3. 放入娃娃菜，加入精盐、鸡精和白糖炒匀，出锅，盛放在烧热的石锅内，直接上桌即可。

干锅土豆片

原料◎调料

土豆…………250克
猪五花肉……100克
洋葱……………50克
小米椒…………25克
杭椒……………25克
红尖椒…………25克
香葱花…………10克
精盐…………1小匙
郫县豆瓣酱…1大匙
蚝油…………2小匙
生抽…………1小匙
白糖……………少许
植物油…………适量

制作步骤

1. 土豆去皮，切成大片（图①），倒入烧至五成热的油锅内，用旺火炸至色泽金黄（图②），捞出土豆片，沥油。
2. 猪五花肉切成薄片（图③）；洋葱洗净，剥去老皮，切成丝，放在干锅内垫底；杭椒去蒂，切成椒圈；小米椒洗净，去蒂，切成椒圈；红尖椒洗净，也切成椒圈。
3. 锅内加入植物油烧热，放入五花肉片，用旺火炒至变色（图④），放入郫县豆瓣酱炒匀，加入杭椒圈、米椒圈和红尖椒圈（图⑤）。
4. 放入土豆片，加入精盐、白糖、生抽、蚝油翻炒均匀，倒在盛有洋葱丝的干锅内（图⑥），撒上香葱花，直接上桌即成。

鱼香脆茄子

原料◎调料

茄子 400 克，青椒、红椒各 50 克。

姜丝、蒜末、葱花各 5 克，精盐 2 小匙，味精少许，淀粉 3 大匙，白糖、豆瓣酱、酱油各 1/2 大匙，米醋、料酒、水淀粉各 1 大匙，植物油适量。

制作步骤

1. 青椒、红椒切成细条；茄子去皮，切成粗条；精盐、酱油、料酒、米醋、白糖、味精、葱花、姜丝和少许蒜末放入碗中调匀成味汁。
2. 锅置火上，加入植物油烧热，把茄子条裹上淀粉，放入油锅内炸至上色，捞出；油锅内再放入青椒条、红椒条冲炸一下，捞出，沥油。
3. 锅中留少许底油烧热，放入豆瓣酱和味汁炒匀，用水淀粉勾薄芡，撒入蒜末，倒入茄子条、青椒条和红椒条炒匀，出锅装盘即可。

糟香五彩

原料◎调料

茭白100克，青椒、红椒各1个，鲜香菇、冬笋各50克。

葱末、姜末各5克，酒糟3大匙，精盐、胡椒粉、香油各少许，酱油1小匙，白糖、水淀粉各2小匙，植物油适量。

制作步骤

1. 茭白去根和外皮；青椒、红椒去蒂和籽，分别洗净，均切成小条；鲜香菇洗净，去蒂，切成条；冬笋去根，洗净，切成小条。
2. 净锅置火上，加入植物油烧热，放入冬笋条、茭白条和香菇条炸2分钟，捞出，沥油。
3. 锅中留少许底油烧热，下入葱末、姜末炒香，放入酒糟、白糖、精盐、酱油和胡椒粉烧沸，放入茭白条、香菇条、冬笋条、青椒条、红椒条炒匀，用水淀粉勾薄芡，淋上香油即可。

椒丁胡萝卜肉粒

原料◎调料

胡萝卜……… 200克
猪里脊肉…… 150克
青椒………… 100克
鸡蛋…………… 1个
大葱…………… 5克
姜块……………10克
精盐………… 1小匙
香油………… 1小匙
酱油………… 1大匙
料酒………… 1大匙
淀粉………… 4小匙
植物油………… 适量

制作步骤

1 猪里脊肉去掉筋膜，切成粒（图①），放到大碗里，磕入鸡蛋（图②），加入少许精盐和淀粉拌匀，上浆。

2 胡萝卜削去外皮，切成丁（图③）；青椒去蒂、去籽，洗净，也切成丁（图④）；大葱择洗干净，切成葱花；姜块去皮，切成末。

3 净锅置火上，放入植物油烧至五成热，放入猪肉粒冲炸一下，捞出，沥油（图⑤）。

4 锅内留少许底油烧热，放入葱花、姜末炒香，放入猪肉丁、青椒丁和胡萝卜丁翻炒均匀，加入精盐、酱油、料酒调好口味（图⑥），淋上香油，出锅装盘即成。

油吃鲜蘑

原料◎调料

鲜蘑300克，黄瓜、水发银耳、胡萝卜各30克。

姜末5克，精盐1小匙，味精、白糖、胡椒粉各少许，橄榄油1大匙，植物油4小匙。

制作步骤

1. 鲜蘑去根，洗净，撕成小片；水发银耳去蒂，撕成小朵；黄瓜洗净，切成小片；胡萝卜去皮，切成细丝；小碗内加入姜末、精盐、味精、胡椒粉、白糖和橄榄油拌匀成味汁。
2. 锅中加入适量清水烧沸，放入鲜蘑片、胡萝卜丝、水发银耳块焯烫至熟，捞出，沥水。
3. 净锅置火上，加入植物油烧至六成热，放入鲜蘑片、黄瓜片、胡萝卜丝、水发银耳块炒2分钟，倒入味汁炒匀，出锅上桌即可。

杏鲍菇炒甜玉米

原料◎调料

罐装甜玉米粒200克，杏鲍菇150克，胡萝卜、青椒各75克。

蒜片15克，精盐1小匙，生抽、老抽各少许，植物油2大匙。

制作步骤

1. 把罐装甜玉米粒倒入容器中，沥净水分；杏鲍菇洗净，切成小丁；青椒去蒂及籽，洗净，切成丁；胡萝卜去皮，也切成小丁。
2. 炒锅置火上，加入植物油烧热，下入蒜片爆香，加入胡萝卜丁、甜玉米粒翻炒均匀。
3. 放入杏鲍菇丁，加入精盐炒至杏鲍菇变软，放入青椒丁炒至断生，加入生抽、老抽翻炒均匀，装盘上桌即成。

木耳炒肉

原料◎调料

猪里脊肉…… 250克
红尖椒………… 25克
蒜苗…………… 20克
木耳…………… 10克
蒜瓣…………… 15克
精盐………… 1小匙
酱油………… 1大匙
植物油………… 适量

制作步骤

1 猪里脊肉去掉筋膜，切成大片（图①）；木耳放在大碗内，倒入适量清水（图②），浸泡至涨发，捞出，去蒂，撕成小块；红尖椒去蒂、去籽，切成小块；蒜苗择洗干净，切成小段。

2 炒锅置火上，倒入植物油烧至五成热，加入猪里脊肉片冲炸一下，用筷子快速拨散，捞出里脊肉片（图③），沥油。

3 锅内留少许底油烧热，加入蒜瓣（图④），放入猪里脊肉片和水发木耳块稍炒（图⑤），加入精盐、酱油炒匀，加入红尖椒块、蒜苗段翻炒一下（图⑥），装盘上桌即可。

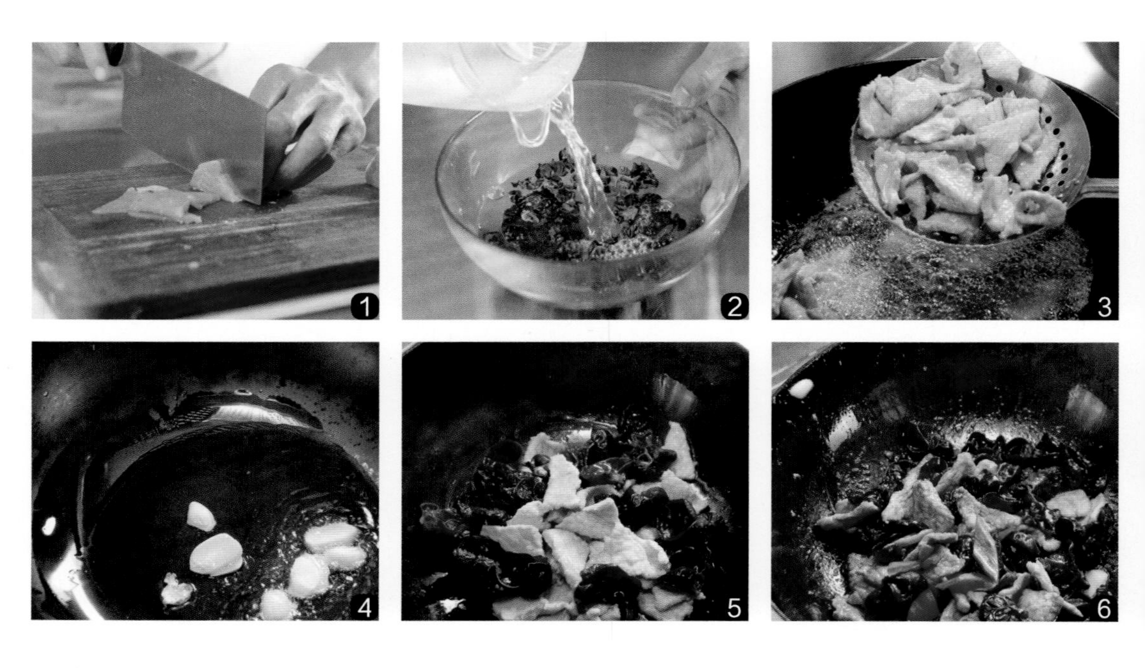

香辣肉丝

原料◎调料

猪里脊肉 250 克，青椒、红椒各 50 克，香菜段 25 克，鸡蛋少许。

葱丝、姜丝、干红辣椒各 10 克，精盐 1 小匙，酱油、老抽各 2 小匙，胡椒粉、鸡精、水淀粉、白糖、香油各少许，植物油适量。

制作步骤

1 青椒、红椒洗净，均切成细丝；猪里脊肉切成丝，加入少许精盐、酱油、胡椒粉、香油、鸡蛋、水淀粉抓匀，放入热油锅内滑散至熟，捞出，沥油；干红辣椒去蒂、去籽，剪成丝。

2 取小碗，加入精盐、白糖、鸡精、老抽、胡椒粉、香油、水淀粉调匀成芡汁。

3 锅置火上，加上少许植物油烧热，下入葱丝、姜丝、干红辣椒丝炝锅，放入青椒丝、红椒丝、香菜段和熟里脊肉丝略炒，烹入芡汁翻炒均匀，出锅装盘即可。

双瓜熘肉片

原料◎调料

猪里脊肉200克，西瓜皮、黄瓜各100克，水发木耳、青椒、红椒各25克。

葱花、姜片、蒜片各10克，精盐2小匙，白糖、胡椒粉、香油各少许，水淀粉、植物油各适量。

制作步骤

1 猪里脊肉切成薄片，放入碗中，加入少许精盐、白糖、水淀粉抓匀，上浆，放入沸水锅内焯烫一下，捞出，沥水。

2 西瓜皮去掉外层青皮，斜刀切成小条；黄瓜洗净，去瓤，切成斜刀片；水发木耳去蒂，撕成小块；青椒、红椒去蒂，去籽，切成小块。

3 锅中加入植物油烧热，放入葱花、姜片、蒜片炒香，加入精盐、白糖、胡椒粉、木耳块、猪里脊肉片、西瓜条、黄瓜片、青椒块和红椒块炒匀，用水淀粉勾芡，淋入香油即可。

辣炒牛柳

原料◎调料

牛里脊肉…… 400克
杭椒……………40克
香葱……………25克
熟芝麻…………15克
鸡蛋…………… 1个
干红辣椒………50克
精盐………… 1小匙
生抽………… 1大匙
料酒………… 4小匙
淀粉…………… 少许
植物油………… 适量

制作步骤

1 牛里脊肉去掉筋膜，切成大片（图①），放入碗中，磕入鸡蛋，加入精盐、生抽和淀粉搅拌均匀（图②），放入热油锅内炸至变色，捞出，沥油（图③）。

2 干红辣椒剪成小段（图④）；杭椒去蒂、去籽，切成椒圈；香葱择洗干净，切成小段。

3 净锅置火上，加入植物油烧热，加入干红辣椒段和杭椒圈，用旺火炒出香辣味（图⑤）。

4 烹入料酒，放入牛肉片翻炒均匀，加入少许精盐，放入熟芝麻，撒入香葱段（图⑥），装盘上桌即可。

苦瓜炒牛肉

原料◎调料

牛肉200克，苦瓜100克，心里美萝卜片25克，鸡蛋3个。

姜末15克，精盐、米醋各2小匙，胡椒粉、味精各1小匙，白糖、豆豉各1大匙，牛奶、水淀粉、香油、植物油适量。

制作步骤

1. 苦瓜去瓤，切成大片，加入少许精盐拌匀，放入沸水锅内焯烫一下，捞出；牛肉切成片，加入胡椒粉、米醋、水淀粉拌匀，上浆。
2. 姜末放入碗中，加入精盐、白糖、米醋、味精、香油及水淀粉调匀成味汁；鸡蛋磕入碗中，加入少许精盐、牛奶搅拌均匀。
3. 锅中加入植物油烧热，放入牛肉片炒至变色，放入豆豉，倒入鸡蛋液略炒，放入心里美萝卜片和苦瓜片，倒入味汁炒匀，出锅装盘即可。

孜然牛肉

原料◎调料

牛肉300克，青椒、红椒、洋葱各75克。

蒜片少许，孜然、料酒、海鲜酱油各2小匙，蚝油、白胡椒、辣椒粉、鸡精各少许，水淀粉、甜面酱、白糖、植物油各适量。

制作步骤

1. 牛肉去除筋膜，切成大片，加入料酒、海鲜酱油、蚝油、白胡椒、水淀粉和少许植物油拌匀；青椒、红椒、洋葱分别洗净，切成小块。
2. 净锅置火上，加入植物油烧至六成热，下入牛肉片、蒜片翻炒一下，滗出锅内多余油脂。
3. 放入洋葱块、青椒块、红椒块稍炒，加入甜面酱、孜然、辣椒粉、鸡精和白糖，用旺火快速翻炒均匀，装盘上桌即可。

菠萝鸡块

原料◎调料

鸡腿……………… 2个
净菠萝果肉… 150克
红椒……………40克
姜块……………10克
精盐………… 1小匙
白糖………… 2小匙
生抽………… 2小匙
料酒………… 1大匙
水淀粉……… 1大匙
植物油……… 2大匙

制作步骤

1. 鸡腿用冷水漂洗干净，沥净水分，剁成大小均匀的块（图①），放入清水锅内（图②），烧沸后撇去浮沫（图③），用旺火煮至近熟，捞出鸡腿块，换清水洗净，沥净水分。

2. 净菠萝果肉用淡盐水浸泡片刻，捞出，沥净水分，切成滚刀块（图④）；姜块去皮，切成片；红椒去蒂、去籽，洗净，切成小块。

3. 锅内加入植物油烧热，加入姜片炝锅出香味，倒入鸡腿块（图⑤），用旺火翻炒2分钟。

4. 加入料酒、生抽、白糖和精盐，倒入菠萝块炒匀，撒上红椒块，用水淀粉勾薄芡（图⑥），出锅上桌即可。

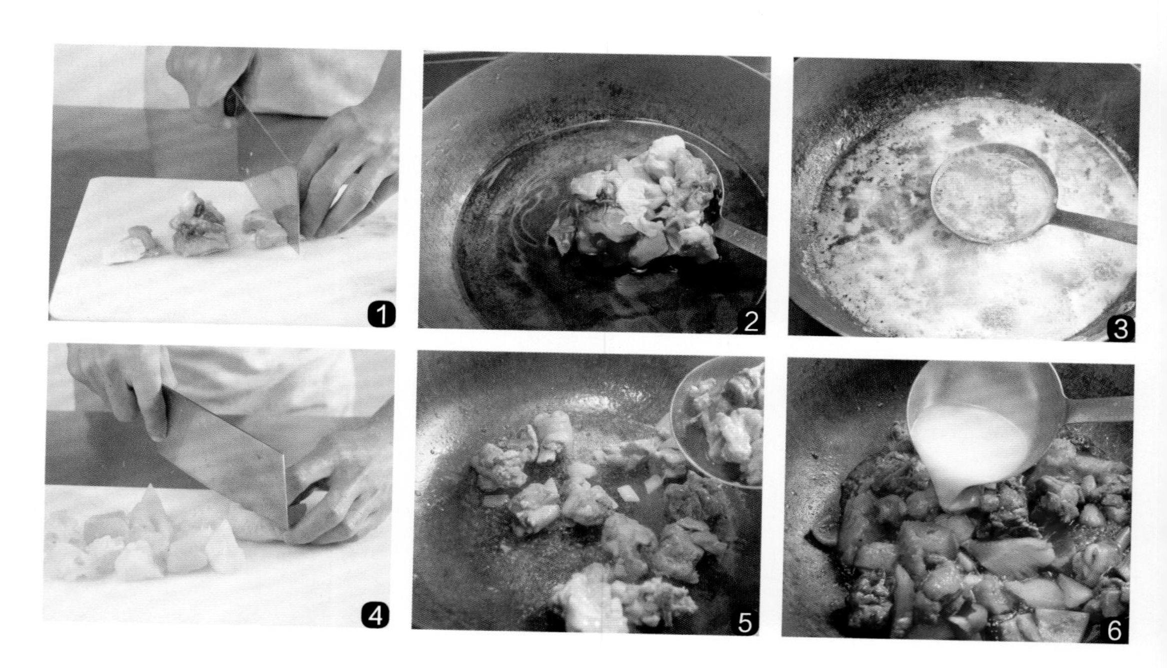

酸辣鸡丁

原料◎调料

鸡腿肉400克，青椒丁、红椒丁各10克，鸡蛋1个。

干红辣椒10克，葱花、姜片各5克，精盐、白糖、香油、味精、水淀粉各少许，淀粉、酱油、米醋、料酒、植物油各适量。

制作步骤

1. 鸡腿肉切成丁，加入精盐、酱油、料酒和味精，磕入鸡蛋搅匀，腌渍10分钟，加入淀粉拌匀，放入烧热的油锅内冲炸一下，捞出。
2. 把酱油、米醋、料酒、精盐、白糖及少许清水放入小碗内，调拌均匀成味汁。
3. 锅置火上，加入植物油烧热，放入干红辣椒、葱花、姜片炒香，烹入调好的味汁烧沸，用水淀粉勾芡，放入鸡肉丁、青椒丁、红椒丁煸炒均匀，淋入香油，出锅装盘即可。

芙蓉菜胆鸡

原料◎调料

鸡胸肉 200 克，鸡蛋清 4 个，油菜心 75 克，水发香菇粒、青椒粒、红椒粒各少许。

葱姜水 4 大匙，精盐 2 小匙，水淀粉 1 大匙，牛奶 3 大匙，料酒 1 小匙，胡椒粉少许，植物油适量。

制作步骤

1. 鸡胸肉剔去筋膜，片成大片，放入搅拌器内，加入少许葱姜水、鸡蛋清、精盐、牛奶和料酒，用中速打碎成鸡肉蓉，取出，团成大小均匀的块，放入油锅内冲炸至熟，捞出。
2. 锅内加入清水烧沸，放入精盐、植物油和油菜心焯烫一下，捞出，沥水，码放在盘内。
3. 锅中加上少许植物油烧热，放入葱姜水、胡椒粉、精盐、料酒和清水烧沸，用水淀粉勾芡，倒入鸡蓉块、水发香菇粒、青椒粒、红椒粒炒匀，出锅，放在盛有油菜心的盘内即可。

辣子鸡

原料◎调料

净仔鸡……… 500克
熟芝麻…………25克
香葱花…………10克
大葱……………15克
姜块……………15克
蒜瓣……………10克
干红辣椒………25克
花椒…………… 5克
精盐………… 1小匙
蚝油………… 1大匙
生抽………… 2小匙
淀粉…………… 少许
植物油………… 适量

制作步骤

1 大葱择洗干净，切成小段；干红辣椒去蒂；姜块去皮，切成菱形片；蒜瓣去皮，切成厚片。

2 净仔鸡去掉鸡爪、鸡脖等，剁成大小均匀的小块（图①），放入容器内，加入少许精盐、蚝油和淀粉搅拌均匀（图②），腌渍20分钟。

3 锅内倒入植物油烧至五成热，倒入仔鸡块炸至变色，捞出；待锅内油温升至七成热时，再倒入仔鸡块炸至色泽金黄，捞出（图③）。

4 锅内留少许底油烧热，加入姜片、蒜片、花椒炝锅（图④），加入干红辣椒（图⑤），放入仔鸡块炒匀（图⑥），加入葱段、精盐、蚝油、生抽稍炒，撒上香葱花和熟芝麻即成。

肉末豆腐

原料◎调料

豆腐………… 400克
猪肉末………… 75克
香葱花………… 25克
葱末、姜末… 各10克
蒜末、花椒… 各10克
精盐………… 1小匙
豆瓣酱……… 1大匙
豆豉………… 2小匙
料酒………… 1大匙
水淀粉……… 4小匙
植物油……… 2大匙

制作步骤

1. 豆腐先切成2厘米厚的豆腐厚片（图①），然后切成2厘米的粗条，再切成2厘米见方的小块（图②），放入清水锅内（图③），加入少许精盐焯烫2分钟，捞出，沥水。
2. 把花椒放入热油锅内炸至煳，捞出花椒不用，把热油倒在小碗内，凉凉成花椒油。
3. 炒锅置火上，倒入植物油烧热，加入豆瓣酱、葱末、蒜末和姜末炒香（图④），倒入猪肉末煸炒至变色（图⑤）。
4. 加入精盐、料酒和豆豉，倒入焯烫好的豆腐块炒匀（图⑥），边晃动炒锅边淋入水淀粉，淋上花椒油，撒上香葱花，出锅上桌即成。

尖椒干豆腐

原料◎调料

干豆腐250克，五花肉100克，红尖椒、青尖椒各50克。

食用碱少许，葱花、姜片、蒜片各10克，精盐1小匙，老抽2小匙，白糖1/2小匙，鸡汁、香油各少许，植物油适量。

制作步骤

1. 干豆腐切成长条，放入沸水锅内，加入食用碱焯烫一下，捞出，换清水漂洗干净；五花肉切成片；红尖椒、青尖椒去蒂、去籽，切成小条。
2. 净锅置火上，加入植物油烧至六成热，下入五花肉片煸炒至变色，放入葱花、姜片、蒜片炒匀。
3. 下入红尖椒条、青尖椒条和老抽炒香，加入少许清水，下入干豆腐条，加入精盐、白糖、鸡汁翻炒均匀，淋入香油，出锅装盘即可。

芝麻腐干肉

原料◎调料

豆腐干 250 克，猪里脊肉 150 克，芝麻、香葱末、香菜末各 10 克。

精盐、料酒各 1 小匙，海鲜酱油 1 大匙，老干妈豆豉 4 小匙，白胡椒粉、白糖、鸡精、辣椒油、香油各少许，植物油适量。

制作步骤

1. 猪里脊肉切成大片，加入料酒、海鲜酱油、白胡椒粉拌匀，腌渍5分钟，放入烧至六成热的油锅内冲炸一下，捞出；豆腐干切成片，放入油锅内炸至干香，捞出，沥油。
2. 锅内留少许底油，复置火上烧热，加入料酒、海鲜酱油、里脊肉片和豆腐干炒匀。
3. 加入精盐、白糖、鸡精、老干妈豆豉炒至入味，淋上辣椒油、香油，撒上芝麻、香葱末、香菜末翻炒均匀，装盘上桌即可。

滑蛋虾仁

原料◎调料

虾仁………… 150 克
鸡蛋…………… 5 个
香葱……………15 克
枸杞子………… 少许
精盐………… 1 小匙
料酒………… 2 小匙
味精……… 1/2 小匙
香油…………… 少许
植物油……… 2 大匙

制作步骤

1 虾仁去掉虾线，放入沸水锅内，加入少许料酒焯烫一下，捞出虾仁（图①），沥水；香葱洗净，把香葱茎切成小段，香葱叶切成香葱花。

2 鸡蛋磕入碗内（图②），加入精盐、料酒、味精，放入香葱段（图③），抽打成鸡蛋液。

3 净锅置火上烧热，放入植物油烧至五成热，倒入鸡蛋液，用中火煎炒2分钟（图④）。

4 倒入焯烫好的虾仁（图⑤），用旺火快速翻炒至熟香（图⑥），淋入香油，撒上枸杞子和香葱花，装盘上桌即可。

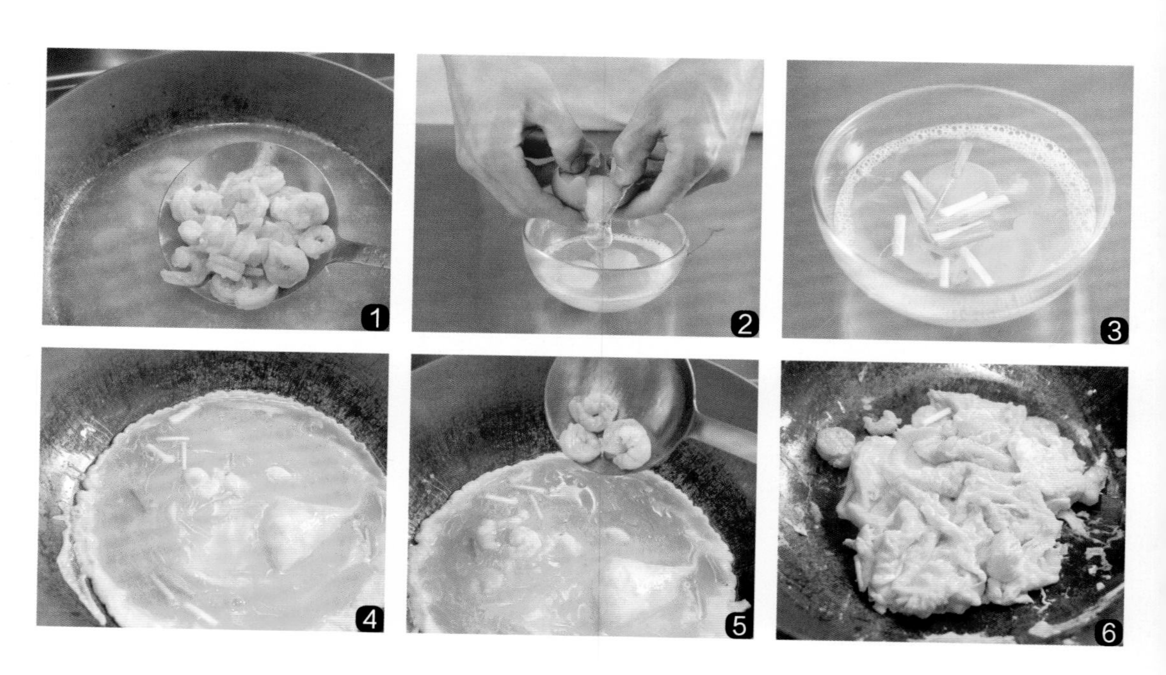

韭香油爆虾

原料◎调料

草虾 400 克，韭菜 50 克，熟芝麻少许。

姜末 10 克，精盐 1 小匙，白糖、米醋、料酒各 1 大匙，番茄酱 2 大匙，酱油 1/2 大匙，植物油适量。

制作步骤

1. 草虾去掉虾枪、虾须，剪开背部，去掉虾线，洗净；韭菜洗净，沥去水分，切成小段。
2. 锅置火上，加入植物油烧至六成热，放入草虾炸至变色，捞出；待锅内油温升至八成热时，再放入草虾炸至酥脆，捞出，沥油。
3. 锅内留少许底油烧热，下入姜末炒香，放入番茄酱、料酒、精盐、酱油、米醋、白糖炒匀，放入草虾和韭菜段，用旺火快速翻炒均匀，撒入熟芝麻，出锅装盘即可。

油爆河虾

原料◎调料

河虾400克，香葱、小米椒各15克，香菜末10克。

姜末、蒜末各10克，精盐、白糖、料酒、生抽、胡椒粉各少许，香油2小匙，植物油适量。

制作步骤

1. 香葱、小米椒分别洗净，切成小粒，放在小碗内，加入姜末、蒜末、香菜末、精盐、白糖、料酒、生抽、胡椒粉、香油调拌均匀成味汁。
2. 把河虾放入淡盐水中浸泡片刻，再放入冷水中漂洗干净，沥净水分，放入烧热的油锅内，快速翻炒至河虾变色，出锅。
3. 净锅复置旺火上烧热，倒入河虾煸炒片刻，烹入调好的味汁炒匀，出锅装盘即成。

芙蓉海肠

原料◎调料

海肠………… 400克
韭菜………… 100克
红椒……………25克
鸡蛋……………3个
蒜末……………10克
精盐………… 1小匙
料酒…………… 少许
花椒油…… 1/2大匙
植物油……… 2大匙

制作步骤

1 用剪刀把海肠的两端剪掉，挤出海肠里面的内脏等（图①），用清水洗净，沥水，剪成段。

2 韭菜洗净，切成小段（图②）；红椒去蒂、去籽，切成条；锅内放入清水烧至微沸，下入海肠段汆烫3秒钟，捞出，沥水（图③）。

3 鸡蛋磕开，把鸡蛋黄、鸡蛋清分盛在两个碗内（图④），加入精盐拌匀，分别倒入烧热的油锅内炒至熟嫩，取出熟鸡蛋清、熟鸡蛋黄。

4 锅内加入植物油烧热，下入蒜末，倒入海肠段、红椒条和韭菜段（图⑤），用旺火炒匀，烹入料酒，加入熟鸡蛋清、熟鸡蛋黄、精盐炒至熟，淋上花椒油，出锅装盘即可（图⑥）。

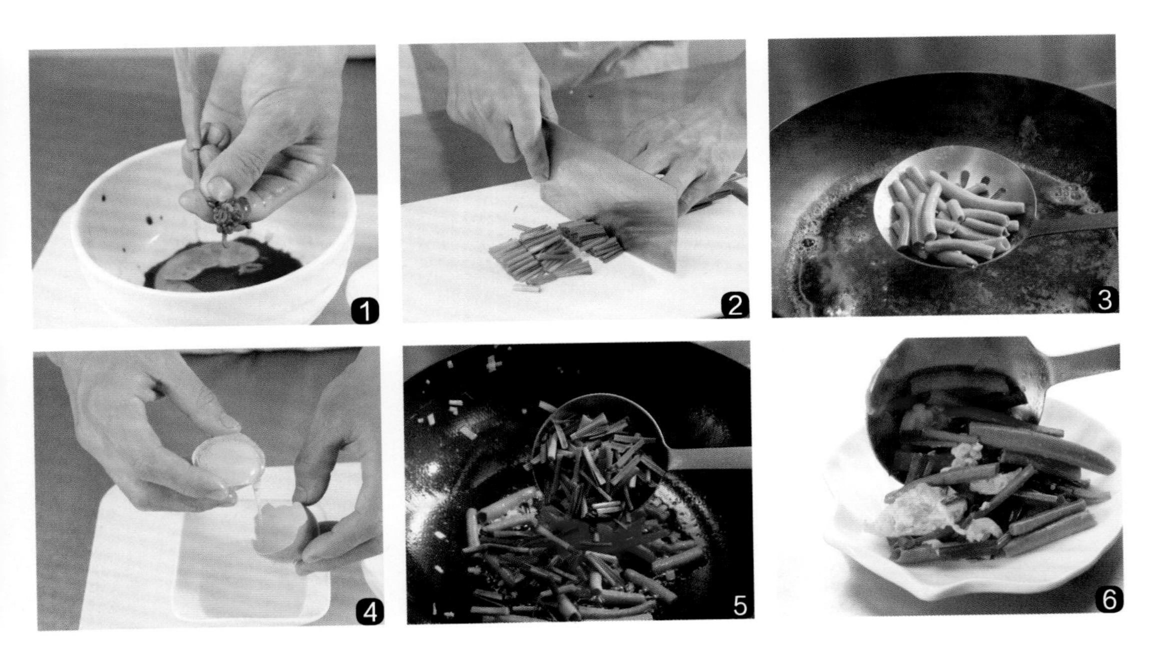

避风塘带鱼

原料◎调料

带鱼500克，青尖椒、红尖椒各1个。

蒜蓉75克，花椒水2大匙，精盐1小匙，味精少许，白糖、料酒、豆豉、淀粉、植物油各适量。

制作步骤

1. 带鱼去头、尾和内脏，洗净，切成大块，加上花椒水、料酒及少许精盐拌匀，腌渍片刻；青尖椒、红尖椒去蒂及籽，切成椒圈。
2. 把带鱼块沥净水分，抹上一层淀粉，放入烧热的油锅内炸至酥脆，捞出；把蒜蓉放入油锅中炸至呈浅黄色，捞出蒜蓉。
3. 锅中留少许炸蒜蓉的油烧热，倒入豆豉煸炒片刻，加入料酒、白糖、精盐和味精翻炒均匀，放入青尖椒圈、红尖椒圈、蒜蓉和带鱼块炒匀，出锅装盘即可。

酱爆八爪鱼

原料◎调料

鲜八爪鱼400克，彩椒100克。

大葱、姜块、蒜瓣各10克，蒜蓉辣酱1大匙，泰式甜辣酱、海鲜酱油各1大匙，料酒4小匙，胡椒粉1小匙，白糖、蚝油各2大匙，香油少许，植物油适量。

制作步骤

1. 鲜八爪鱼收拾干净，切成小块；彩椒去掉蒂和籽，切成小块；大葱洗净，切成碎末；姜块去皮，洗净，切成片；蒜瓣去皮，切成蒜片。
2. 净锅置火上，加入清水、料酒、胡椒粉煮沸，放入鲜八爪鱼块焯烫一下，捞出，沥水，再放入热油锅内冲炸一下，捞出，沥油。
3. 锅内留少许底油烧热，下入葱末、姜片、蒜片炝锅，加入蒜蓉辣酱、泰式甜辣酱、蚝油、白糖、海鲜酱油炒匀，放入八爪鱼块和彩椒块翻炒均匀，淋上香油，装盘上桌即可。

爆炒蚬子

原料◎调料

蚬子…………1000 克
青椒、红椒… 各 25 克
香葱花…………15 克
葱花、蒜瓣… 各 5 克
精盐………… 1 小匙
豆瓣酱……… 1 大匙
料酒………… 1 大匙
水淀粉……… 2 小匙
香油………… 1 小匙
植物油……… 2 大匙

制作步骤

1 把蚬子放在容器内，加入清水和少许精盐浸养，以使蚬子吐净泥沙，捞出蚬子，放入清水锅内（图①），用旺火焯烫一下，捞出蚬子。

2 蒜瓣去皮，切成蒜片（图②）；青椒、红椒分别去蒂，去籽，洗净，切成小块（图③）。

3 炒锅置火上，放入植物油烧至六成热，加入葱花、蒜片炝锅（图④），放入豆瓣酱和焯烫好的蚬子，用旺火翻炒一下（图⑤）。

4 烹入料酒，加入精盐翻炒片刻，加入青椒块、红椒块（图⑥），旺火翻炒均匀，用水淀粉勾芡，淋上香油，撒上香葱花，装盘上桌即可。

第三章

宴客大菜

东坡肉

原料◎调料

带皮五花肉… 750 克
笋干………… 100 克
葱段……………25 克
姜片……………10 克
花椒…………… 3 克
八角…………… 5 克
精盐………… 1 小匙
料酒………… 3 大匙
生抽………… 2 大匙
蚝油………… 2 大匙
白糖………… 1 大匙

制作步骤

1 把笋干放入容器内，加入温水浸泡至涨发，取出，切成大块（图①），放入沸水锅内焯烫一下，捞出，过凉，撕成小片（图②）。

2 净锅置火上，加入冷水、带皮五花肉、姜片、葱段、花椒和八角（图③），先用旺火烧沸，再改小火炖煮20分钟，取出五花肉，凉凉。

3 把五花肉切成3厘米见方的块（图④），放入容器内，加入少许葱段、姜片、笋干片、生抽、料酒、白糖、精盐和蚝油（图⑤）。

4 把五花肉块搅拌均匀，码放在大碗内，放入蒸锅内（图⑥），用旺火蒸1小时至熟香入味，取出，码放在盘内，直接上桌即可。

蟹粉狮子头

原料◎调料

猪肉末400克，螃蟹2只，油菜心75克，荸荠50克，鸡蛋1个。

葱末、姜末各10克，精盐2小匙，胡椒粉少许，料酒1大匙。

制作步骤

1. 荸荠去皮，拍成碎粒；油菜心择洗干净，沥去水分；螃蟹刷洗干净，放入蒸锅中，用旺火蒸至熟，取出，凉凉，去壳，取净蟹肉。

2. 猪肉末放入容器中，磕入鸡蛋，加入葱末、姜末、料酒、精盐、胡椒粉搅匀，再放入蟹肉和荸荠碎拌匀，团成直径6厘米大小的丸子。

3. 净锅置火上，加入清水煮至沸，慢慢放入丸子并烧煮至沸，撇去浮沫，转小火炖1小时，放入油菜心稍煮，出锅，分盛入碗中即可。

陈年普洱烧腩肉

原料◎调料

带皮五花肉 750 克，普洱茶 25 克。

葱段 25 克，姜片 15 克，老抽 4 小匙，冰糖 1 大匙，精盐 2 小匙，水淀粉、植物油各适量。

制作步骤

1. 带皮五花肉切成大块，放入清水锅内焯烫出血沫，捞出，擦净表面水分，肉皮涂抹上老抽，放入烧热的油锅内炸至肉皮上色，捞出。
2. 锅内加入植物油烧热，下入冰糖和清水熬煮片刻，加入葱段、姜片、普洱茶炒匀，放入五花肉块和精盐调匀，倒入高压锅内压至五花肉熟香，离火，捞出五花肉块，盛放在盘内。
3. 净锅置火上，滗入压五花肉块的酱汁烧沸，用水淀粉勾芡，淋在五花肉块上即可。

花椒肉

原料◎调料

带皮五花肉…… 500克
彩椒丝………… 少许
花椒…………… 15克
干红辣椒……… 5克
葱段、姜片 …各10克
精盐………… 1小匙
老抽………… 1大匙
酱油、料酒 …各4小匙
白糖………… 2小匙
水淀粉……… 1大匙
植物油………… 适量

制作步骤

1 将花椒、干红辣椒放在捣蒜器内（图①），加入少许精盐，捣烂成花椒碎粒。

2 带皮五花肉切成大块，放入清水锅内煮15分钟，撇去浮沫（图②），捞出，擦干水分，放入热油锅内炸3分钟，捞出，沥油（图③）。

3 将带皮五花肉块凉凉，切成片（图④），肉皮朝下放在大碗内，加入葱段、姜片、花椒碎、精盐、料酒、白糖、酱油和老抽（图⑤）。

4 五花肉片放入蒸锅内（图⑥），用旺火蒸1小时至熟香，取出五花肉，扣在深盘内；把蒸五花肉片的汤汁滗入热锅内烧沸，用水淀粉勾芡，淋在五花肉片上，加入彩椒丝点缀即成。

五花肉卧鸡蛋

原料◎调料

带皮五花肉750克，鸡蛋500克，香菜末25克。

花椒3克，葱花、葱段、姜块各15克，精盐1小匙，老抽1大匙，白糖2小匙，海鲜酱油少许，鸡汁2大匙，植物油适量。

制作步骤

1. 带皮五花肉放入清水锅内煮30分钟，取出，抹上老抽，放入热油锅内冲炸一下，捞出，切成大片，肉皮朝下放在大碗内，四周磕入鸡蛋。
2. 锅中加入老抽、白糖、精盐、花椒、鸡汁、姜块、葱段煮至沸，离火，倒在盛有五花肉鸡蛋的大碗内，上屉蒸10分钟，取出，滗出汤汁。
3. 净锅置火上，加入植物油烧热，下入葱花炒出香味，倒入滗出的汤汁，加入海鲜酱油煮沸，出锅，淋在五花肉鸡蛋上，撒上香菜末即可。

香辣美容蹄

原料◎调料

净猪蹄 2 个，莲藕 150 克，芝麻少许。

葱段、姜片、蒜瓣各 15 克，精盐少许，料酒、酱油各 1 大匙，香油、植物油各 2 小匙，火锅调料 1 大块。

制作步骤

1. 净猪蹄剁成大块，放入沸水锅中焯烫一下，捞出，沥水；莲藕削去外皮，洗净，切成片。
2. 锅置火上烧热，放入火锅调料、料酒、精盐、清水和酱油烧沸，出锅，倒在高压锅内，放入猪蹄块，置火上压20分钟至熟，捞出猪蹄。
3. 锅内加入植物油烧热，下入葱段、姜片、蒜瓣炒出香味，出锅，垫在砂锅内，放入猪蹄块和莲藕片，滗入压猪蹄的原汤，用中火烧几分钟，撒上芝麻，淋入香油，出锅装盘即可。

土豆牛腩

原料◎调料

牛腩肉……… 400 克
土豆………… 200 克
葱段……………20 克
姜片、蒜瓣 …各 10 克
花椒、八角 … 各 3 克
精盐………… 1 小匙
酱油………… 2 大匙
白糖………… 1 大匙
料酒………… 1 大匙
植物油……… 4 小匙

制作步骤

1 牛腩肉洗净血污，切成大块（图①）；土豆洗净，削去外皮，切成滚刀块（图②）。

2 炒锅置火上，倒入足量的冷水，放入牛腩块（图③），用旺火煮5分钟，撇去浮沫和杂质，捞出牛腩块（图④），沥净水分。

3 净锅置火上，加入植物油烧至五成热，放入葱段、姜片、蒜瓣、花椒、八角煸炒出香味，放入牛腩块翻炒均匀（图⑤）。

4 加入清水和酱油，用小火炖20分钟，加入料酒、精盐和白糖，倒入土豆块（图⑥），继续炖15分钟至熟香入味，出锅上桌即可。

扒安格斯眼肉

原料◎调料

安格斯眼肉 180 克，薯格、豆苗各 50 克，洋葱碎 20 克。

绿胡椒 10 克，布朗少司 100 克，淡奶油 2 小匙，精盐、白胡椒粉各 1 小匙，黑胡椒碎 5 克，红葡萄酒、植物油各 4 小匙。

制作步骤

1. 净锅置火上，加入植物油烧热，放入洋葱碎、绿胡椒、红葡萄酒、布朗少司、精盐、淡奶油炒匀成绿胡椒汁，倒入汁船容器中。
2. 将安格斯眼肉加上红葡萄酒、精盐、白胡椒粉、黑胡椒碎和少许植物油拌匀，腌渍5分钟。
3. 平底锅置火上烧热，放入安格斯眼肉煎至熟嫩，取出，码放在盘内，配上豆苗及薯格，淋上绿胡椒汁即可。

红酒牛肉烩土豆

原料◎调料

牛腩肉 400 克，洋葱 100 克，土豆、番茄各 50 克，香菜叶少许。

香叶 2 克，姜片 15 克，精盐、鸡精、白糖各 1 小匙，红酒 2 大匙，老抽 1 大匙，海鲜酱油、番茄酱、黄油、淡奶油、植物油各适量。

制作步骤

1 土豆去皮，切成块；洋葱洗净，切成小块；番茄去蒂，切成小块；牛腩肉切成大块，放入沸水锅内焯烫几分钟，捞出，过凉，沥水。

2 锅内加入植物油烧热，下入牛腩块、洋葱块、姜片略炒，加入红酒、白糖、精盐、鸡精、老抽、海鲜酱油煮沸，倒入高压锅中压15分钟。

3 锅内加入少许植物油、黄油炒出香味，加入番茄酱、淡奶油炒匀，放入土豆块、番茄块、香叶略炒，倒入盛有牛腩块的高压锅内，继续压10分钟，放在深盘内，撒上香菜叶即可。

清炖羊蝎子

原料◎调料

羊脊椎骨（羊蝎子）
………………… 600 克
香菜…………… 10 克
干红辣椒……… 5 克
孜然、八角… 各少许
花椒、香叶… 各少许
桂皮、肉蔻… 各少许
白芷、蒜瓣… 各少许
姜块…………… 15 克
精盐、胡椒 …各 2 小匙
料酒、冰糖 …各 1 大匙
花椒水……… 2 大匙

制作步骤

1 选用骨缝窄、带肉的羊脊椎骨，先用清水漂洗干净，剁成大块（图①），放入容器内，倒入清水浸泡4小时（图②），捞出。

2 干红辣椒去蒂，大的掰成两半；蒜瓣去皮，拍碎；姜块去皮，切成片；香菜洗净，切成段。

3 锅内倒入冷水，加入羊脊椎骨块（图③），烧沸后用旺火煮10分钟，撇去血沫（图④），捞出羊脊椎骨块，用清水洗净，再放入清水锅内，烹入料酒，加入姜片煮至沸（图⑤）。

4 加入干红辣椒、孜然、八角、花椒、香叶、桂皮、肉蔻、白芷和蒜瓣，放入花椒水、胡椒、冰糖和精盐（图⑥），用中火炖至羊脊椎骨块熟香，出锅，倒在汤碗内，撒上香菜段即成。

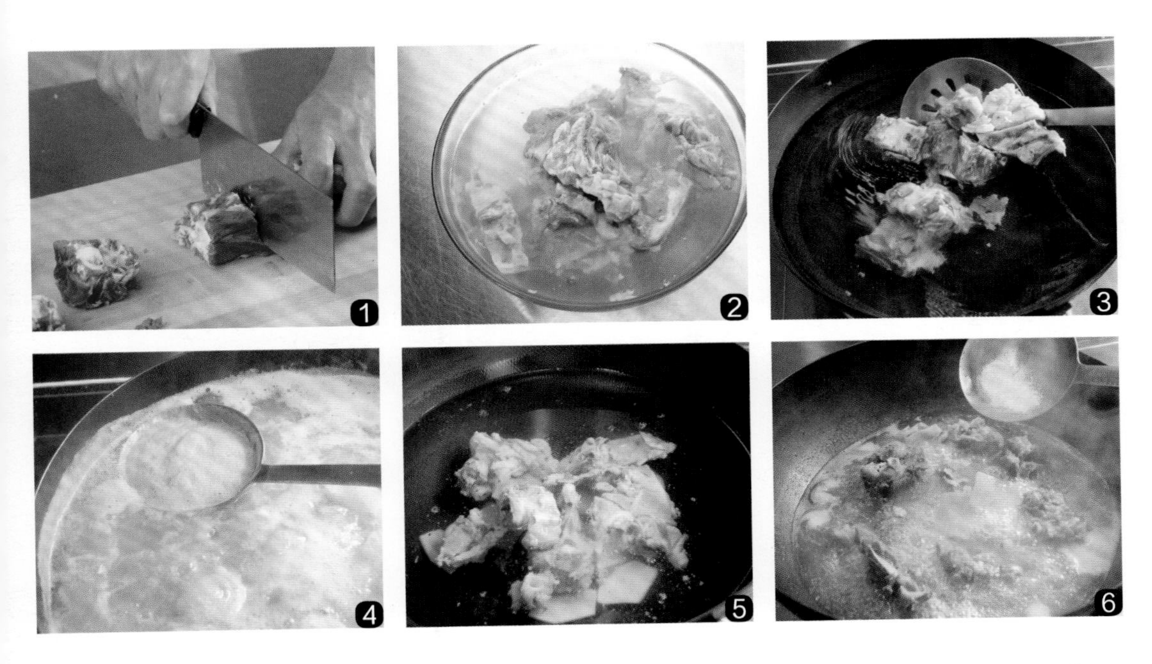

迷迭香羊排

原料◎调料

羊排200克，薯泥、净芦笋条各25克，洋葱碎5克。

迷迭香10克，精盐1小匙，白胡椒粉1/2小匙，黑胡椒碎3克，布朗少司100克，红葡萄酒、橄榄油各适量。

制作步骤

1. 将羊排放入盘中，加入少许迷迭香、白胡椒粉、黑胡椒碎、红葡萄酒拌匀，腌渍入味。
2. 锅中加上少许橄榄油烧热，下入洋葱碎炒香，加入迷迭香，烹入红葡萄酒，倒入布朗少司、精盐、白胡椒粉煮沸，出锅成迷迭香味汁。
3. 煎锅置火上，加上橄榄油烧热，放上羊排，用中火煎至熟，取出羊排，码放在盘内，摆上薯泥和净芦笋条，淋上迷迭香味汁即可。

红焖羊腿

原料◎调料

羊腿肉400克，洋葱100克，胡萝卜75克。

大葱、姜块、蒜瓣各15克，干红辣椒、小茴香、橘子皮、八角、丁香、桂皮、香叶各少许，精盐1小匙，白糖2小匙，料酒、酱油各2大匙，植物油1大匙。

制作步骤

1. 羊腿肉洗净血污，切成块；胡萝卜洗净，切成大块；洋葱洗净，切成大片；大葱去根和老叶，切成小段；姜块去皮，切成片。
2. 净锅置火上，加入植物油烧至四成热，放入白糖炒至溶化并变色，放入胡萝卜块、洋葱片、葱段、姜片和羊腿肉块煸炒均匀。
3. 烹入料酒，加入酱油、精盐和干红辣椒，放入清水煮至沸，加入橘子皮、八角、丁香、桂皮、香叶、小茴香和蒜瓣炒匀，倒入高压锅中压25分钟至熟香，出锅装碗即可。

焖三黄鸡

原料◎调料

净三黄鸡……… 1只
青椒、红椒… 各1个
土豆…………… 1个
鲜香菇…………50克
香葱花…………10克
葱段、姜片… 各15克
蒜瓣……………25克
八角…………… 5个
精盐………… 1小匙
老抽………… 2大匙
料酒、白糖… 各1大匙
植物油………… 适量

制作步骤

1. 净三黄鸡从中间劈开（图①），剁成大小均匀的块（图②），放入冷水锅内（图③），用旺火快速焯烫一下，捞出，沥水。
2. 鲜香菇洗净，切成小块（图④）；土豆削去外皮，切成滚刀块；青椒、红椒也切成小块。
3. 锅内加入植物油烧热，放入葱段、蒜瓣、姜片和八角炝锅，倒入三黄鸡块翻炒，加入料酒、老抽和清水（图⑤），烧沸后用小火焖20分钟，加入土豆块、白糖和精盐焖10分钟。
4. 把三黄鸡块、土豆及汤汁倒入砂锅内，放入香菇块、青椒块、红椒块，继续焖6分钟至入味（图⑥），撒上香葱花，直接上桌即可。

参须枸杞炖老鸡

原料◎调料

净老母鸡 ………… 1只
人参须 …………… 15克
枸杞子 …………… 10克
葱段 ……………… 25克
姜块 ……………… 15克
精盐 …………… 2小匙
料酒 …………… 1大匙

制作步骤

1. 人参须用清水浸泡并洗净，沥净水分；净老母鸡擦净水分，剁去爪尖，把鸡腿别入鸡腹中，放入沸水锅内焯烫一下，捞出。
2. 砂锅置火上，加入适量清水烧沸，放入老母鸡，加入葱段、姜块和料酒，再加入人参须和枸杞子，用旺火烧沸。
3. 撇去表面浮沫，盖上砂锅盖，转小火炖40分钟至老母鸡熟香，加入精盐调好口味，离火上桌即可。

酒香红曲脆皮鸡

原料◎调料

鸡腿肉400克，鸡蛋2个，芹菜粒、红尖椒粒各15克，香葱末、熟芝麻各10克。

干红辣椒5克，精盐1小匙，味精、胡椒粉各少许，面粉75克，红曲粉、白酒各1大匙，植物油适量。

制作步骤

1. 把鸡蛋磕入碗中，加入面粉、红曲粉、清水及少许植物油调匀成软炸糊；鸡腿肉切成块，放入大碗中，加入白酒、精盐、胡椒粉调拌均匀，腌渍5分钟。
2. 锅置火上，加入植物油烧热，把鸡腿块裹匀软炸糊，放入油锅内炸至熟嫩，捞出，沥油。
3. 另起锅，加入少许植物油烧热，放入鸡腿块、干红辣椒、香葱末、芹菜粒、红尖椒粒炒匀，撒入熟芝麻，加入精盐、味精炒匀即可。

姜母鸭

原料◎调料

净鸭……………… 半只
青椒、红椒… 各1个
老姜……………50克
蒜瓣……………15克
八角……………… 3个
精盐………… 1小匙
冰糖……………15克
料酒………… 2大匙
老抽………… 2大匙
水淀粉……… 1大匙
植物油………… 适量

制作步骤

1 老姜去皮，切成片（图①）；青椒、红椒去蒂，去籽，洗净，切成菱形小块。

2 净鸭剁成大小均匀的块（图②），放入冷水锅内（图③），用旺火煮沸，加入料酒焯烫5分钟，捞出鸭块，换清水漂洗干净，沥水。

3 锅内加入植物油烧热，放入八角、蒜瓣、老姜片炒出香味（图④），放入鸭块炒匀，烹入料酒，加入老抽（图⑤），倒入清水没过鸭块。

4 加入冰糖，用中火烧焖至鸭块熟嫩，加入精盐，放入青椒块、红椒块炒匀，用水淀粉勾芡（图⑥），出锅上桌即可。

柠檬鸭

原料◎调料

净鸭…………… 半只
柠檬…………… 1 个
枸杞子…………10 克
姜块……………25 克
蒜片……………10 克
精盐………… 1 小匙
冰糖……………25 克
白醋………… 2 小匙
料酒………… 2 小匙
植物油……… 2 大匙

制作步骤

1 柠檬先切成两半，再切成半圆片（图①）；姜块洗净，去皮，切成细丝。

2 净鸭先剁成条（图②），再剁成块，放入冷水锅内煮沸，撇去浮沫（图③），继续焯煮5分钟，捞出鸭块，沥净水分。

3 锅内放入植物油烧热，放入姜丝（图④），倒入鸭块（图⑤），用旺火炒几分钟，加入蒜片、精盐、冰糖、白醋、料酒和清水煮沸。

4 放入柠檬片，用小火炖至熟香（图⑥），用旺火收浓汤汁，放入枸杞子，出锅装盘即可。

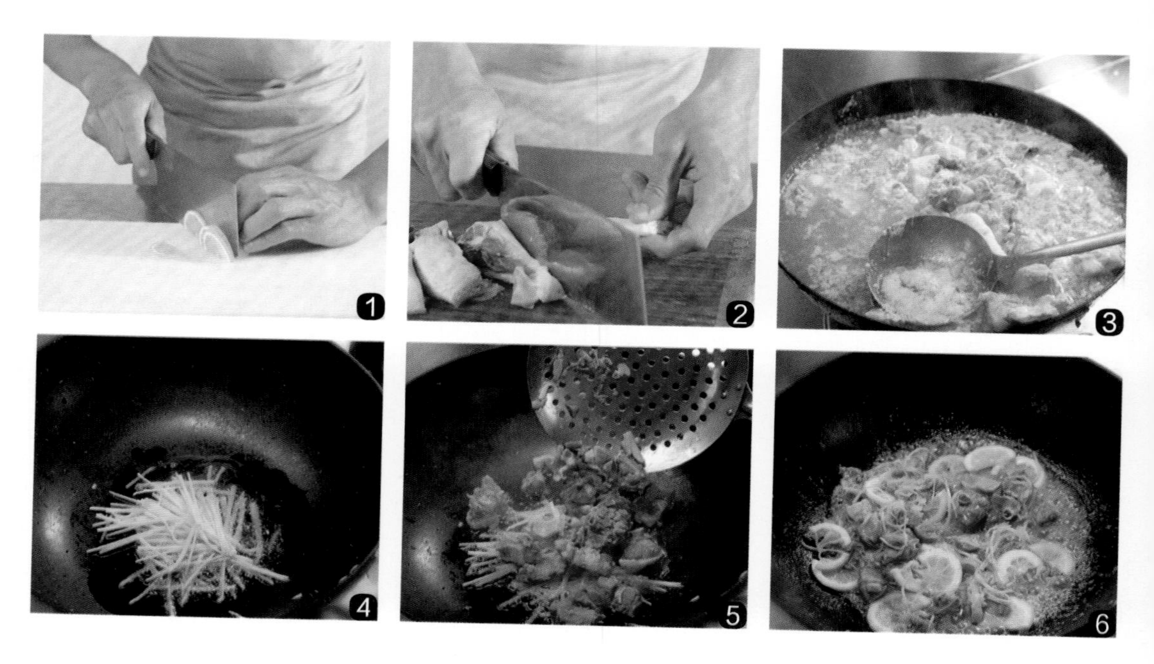

红枣花雕鸭

原料◎调料

仔鸭半只(约700克),红枣40克。

葱段、姜片各10克,精盐2小匙,冰糖20克,老抽适量,花雕酒、植物油各2大匙。

制作步骤

1. 红枣洗净,放在容器内,加入温水浸泡片刻,取出,去掉枣核;仔鸭洗涤整理干净,剁成块,放入沸水锅中焯烫5分钟,捞出,沥水。
2. 净锅置火上,加入植物油烧至六成热,放入仔鸭块,用旺火煸炒3分钟,再放入葱段、姜片炒出香味。
3. 加入花雕酒、老抽、冰糖及泡红枣的清水炖30分钟至鸭肉块熟烂,再放入红枣炖10分钟,加入精盐调好口味,出锅上桌即可。

法式鹅肝批

原料◎调料

鹅肝500克，猪肥膘片、鲜虾各100克，面包片2片，熟蟹黄、洋葱各10克，球茎茴香、紫叶生菜、黑水榄圈各5克。

精盐、白兰地酒各1小匙，红葡萄酒2小匙，鸡精、胡椒粉各少许。

制作步骤

1. 把鹅肝放入粉碎机内，加入精盐、白兰地酒、红葡萄酒、鸡精、洋葱、胡椒粉打碎成浆，用细筛过滤成鹅肝浆；鲜虾洗净，用沸水焯烫至熟，捞出，去掉虾头、虾壳，留虾尾。
2. 取长方体模具，用猪肥膘片铺底，倒入鹅肝浆，放入盛有温水的烤盘内，放入烤箱内，用140℃烤1小时至熟，取出，冷却成鹅肝批。
3. 把鹅肝批切成厚片，压成圆形；面包片也压成圆形，均摆放在盘中，放上鲜虾、紫叶生菜、黑水榄圈、熟蟹黄、球茎茴香加以点缀即可。

鱼头花卷

原料◎调料

花鲢鱼头……… 1个
花卷…………… 适量
香菜……………25克
葱段……………25克
姜片、蒜瓣 …各15克
干红辣椒………10克
花椒、八角… 各5克
精盐…………… 少许
生抽、老抽 …各1大匙
料酒、白糖 …各4小匙
植物油……… 3大匙

制作步骤

1 花鲢鱼头从中间劈开成两半（图①），去掉杂质，在背部剞上斜刀（图②），涂抹上少许精盐和料酒；香菜洗净，切成小段（图③）。

2 锅置火上烧热，加入植物油烧至六成热，加入葱段、姜片、蒜瓣、干红辣椒、花椒、八角煸炒出香辣味（图④），加入老抽、生抽、精盐、料酒、白糖烧沸。

3 放入花鲢鱼头，倒入清水淹没鱼头（图⑤），先用旺火烧沸，改用中小火烧焖30分钟，再用旺火收浓汤汁（图⑥），出锅，码放在大盘内，周围摆上花卷，撒上香菜段即可。

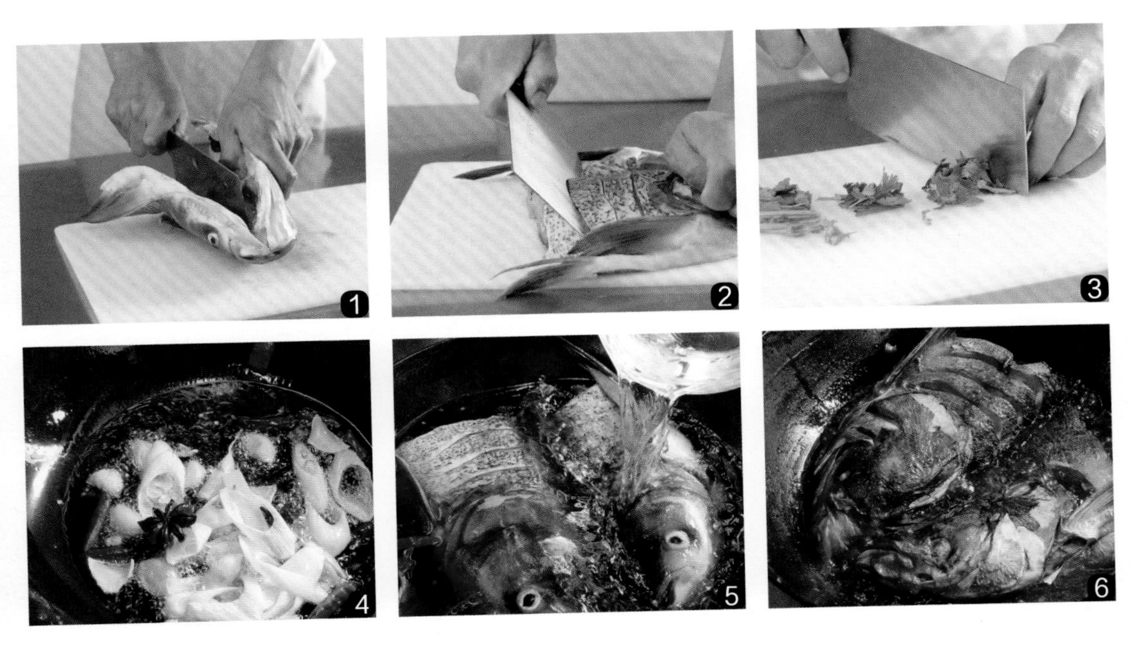

酒酿鲈鱼

原料◎调料

净鲈鱼1条，酒酿200克，红尖椒圈少许。

葱段、姜片各10克，精盐2小匙，白糖、胡椒粉各1/2小匙，水淀粉1大匙，酱油1小匙，植物油适量。

制作步骤

1. 净鲈鱼表面剞上一字刀深至鱼骨；葱段、姜片放入碗中，加入精盐拌匀，先擦匀鱼身，再把葱段、姜片放入鲈鱼腹中，腌渍10分钟。
2. 锅置火上，加入植物油烧至六成热，把鲈鱼去掉葱段和姜片，放入油锅中，用中火煎至熟嫩，取出鲈鱼，沥油，码放入盘中。
3. 净锅置火上，放入酒酿，加入酱油、精盐、胡椒粉、白糖炒匀，撒入红尖椒圈，用水淀粉勾芡，出锅，浇在鲈鱼上即可。

羊汤酸菜番茄鱼

原料◎调料

净草鱼1条，净羊肉200克，酸菜丝100克，番茄75克，香菜少许。

泡椒碎30克，葱段、姜片各15克，精盐少许，胡椒粉1小匙，料酒、植物油各1大匙。

制作步骤

1. 把净羊肉放入锅内，加入清水、葱段和姜片烧沸，转小火炖至熟嫩成羊肉汤；番茄去蒂，洗净，切成大块；净草鱼表面剞上一字刀。
2. 净锅置火上，加入植物油烧热，下入少许葱段和姜片炒香，放入酸菜丝和泡椒碎煸炒均匀，下入番茄块炒至软烂。
3. 倒入熬煮好的羊肉汤，加入胡椒粉、精盐和料酒，放入净草鱼，烧沸后改用小火炖至草鱼熟嫩，加入香菜，出锅上桌即可。

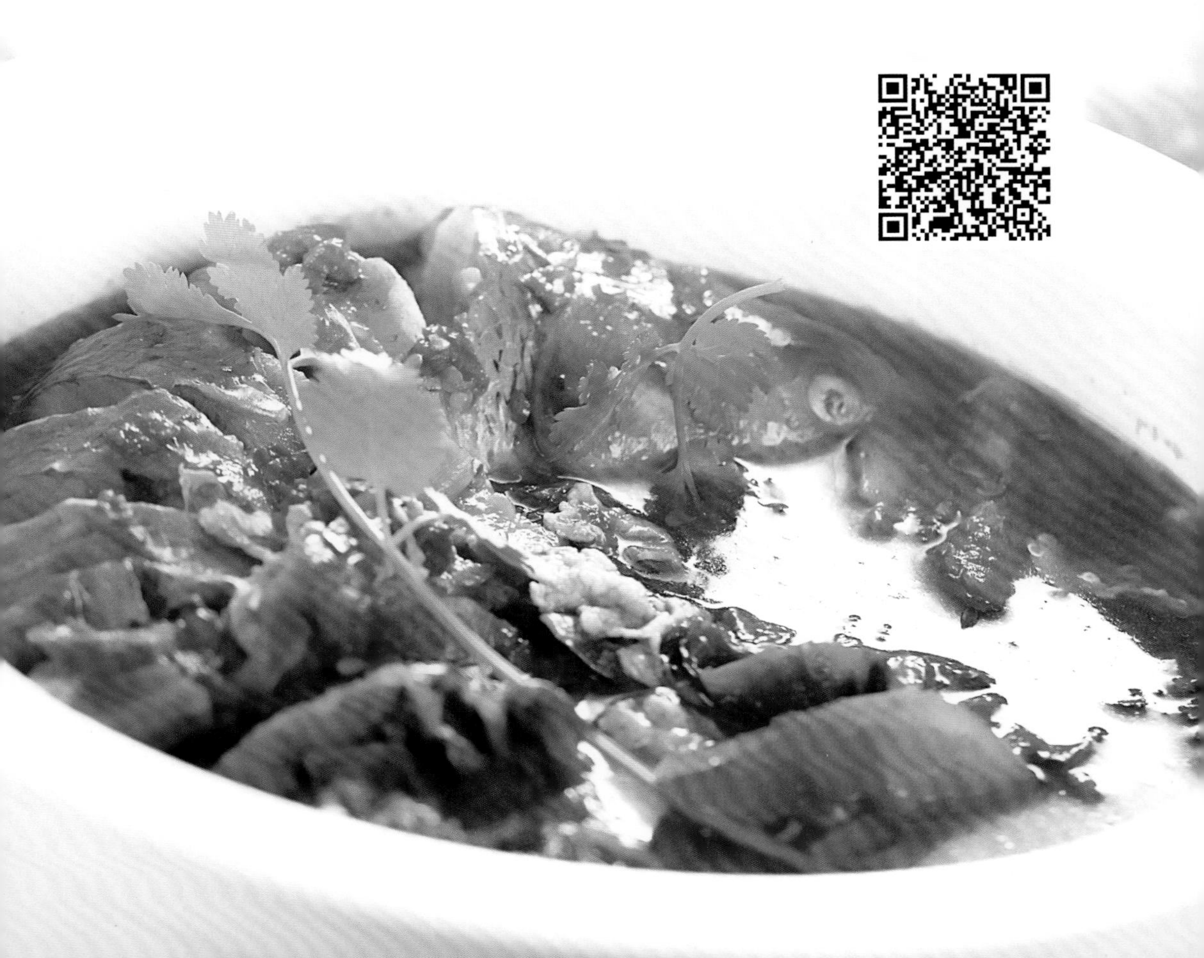

番茄大虾

原料◎调料

大虾………… 500克
姜块……………10克
精盐…………… 少许
番茄酱……… 2大匙
蚝油………… 1大匙
白糖………… 2大匙
生抽………… 1大匙
植物油………… 适量

制作步骤

1 大虾从脊背处片开，去掉虾线（图①），放入沸水锅内，加入精盐焯烫至变色，捞出大虾（图②），沥净水分；姜块洗净，切成小片。

2 净锅置火上，放入植物油烧至五成热，倒入大虾冲炸一下，捞出大虾，沥油（图③）。

3 锅内留少许底油烧热，放入姜片炝锅，加入番茄酱炒出香味（图④），加入生抽、蚝油和少许清水（图⑤），用旺火炒至浓稠。

4 倒入大虾，用中火烧3分钟，加入精盐和白糖，改用旺火收浓汤汁（图⑥），装盘上桌即可。

大展宏图油焖虾

原料◎调料

大虾………… 500克
葱段、姜片… 各10克
精盐、味精… 各少许
料酒………… 2小匙
白糖………… 1大匙
番茄酱……… 4小匙
植物油………… 适量

制作步骤

1. 将大虾洗净，去掉虾须、虾尾，剪开虾背，去除虾线，加上少许精盐和料酒拌匀。
2. 锅置火上，加入植物油烧至六成热，放入葱段、姜片，用小火煸炒出香味，捞出葱段、姜片不用，放入大虾煸至红色，烹入料酒。
3. 加入番茄酱、少许清水、精盐、白糖和味精，用旺火收浓汤汁，取出大虾，码放在盘内；把锅中汤汁熬煮至黏稠，浇在大虾上即可。

富贵芝麻虾

原料◎调料

大虾400克，芝麻100克，鸡蛋1个。

精盐1小匙，白糖2小匙，胡椒粉1/2小匙，香油2小匙，淀粉2大匙，番茄酱1大匙，植物油适量。

制作步骤

1. 大虾去掉虾头，剥去虾壳，留虾尾，片开虾背，去除虾线，用刀背轻轻剁一剁，放在容器内，加入精盐、白糖、胡椒粉、香油拌匀。
2. 鸡蛋磕在大碗内，用筷子搅散，再加入淀粉拌匀成鸡蛋糊；芝麻倒入大盘内。
3. 大虾表面先蘸上一层淀粉，裹匀一层鸡蛋糊，蘸上芝麻成芝麻虾生坯，放入烧热的油锅内炸至色泽金黄、酥熟，捞出，沥油，码放在盘内，带番茄酱一起上桌即可。

面拖蟹

原料◎调料

活螃蟹 ………… 2只
花椒……………15 克
精盐………… 1 大匙
面粉………… 4 大匙
植物油………… 适量

制作步骤

1 用刀背将活螃蟹拍晕，把螃蟹掰开（图①），去掉蟹鳃（图②），放在案板上，从中间剁成两半（图③），再用刀将螃蟹的爪尖去掉，最后把螃蟹块蘸匀一层面粉（图④）。

2 把花椒放入热锅内煸炒至变色，取出花椒，放在案板上，用擀面杖擀压成碎末，再把花椒末放在小碟内，加入精盐拌匀成花椒盐。

3 锅内加入植物油烧热，放入螃蟹块冲炸一下（图⑤），捞出；待锅内油温升至八成热时，再放入螃蟹块炸至色泽金黄，捞出（图⑥），码放在盘内，带花椒盐一起上桌蘸食即可。

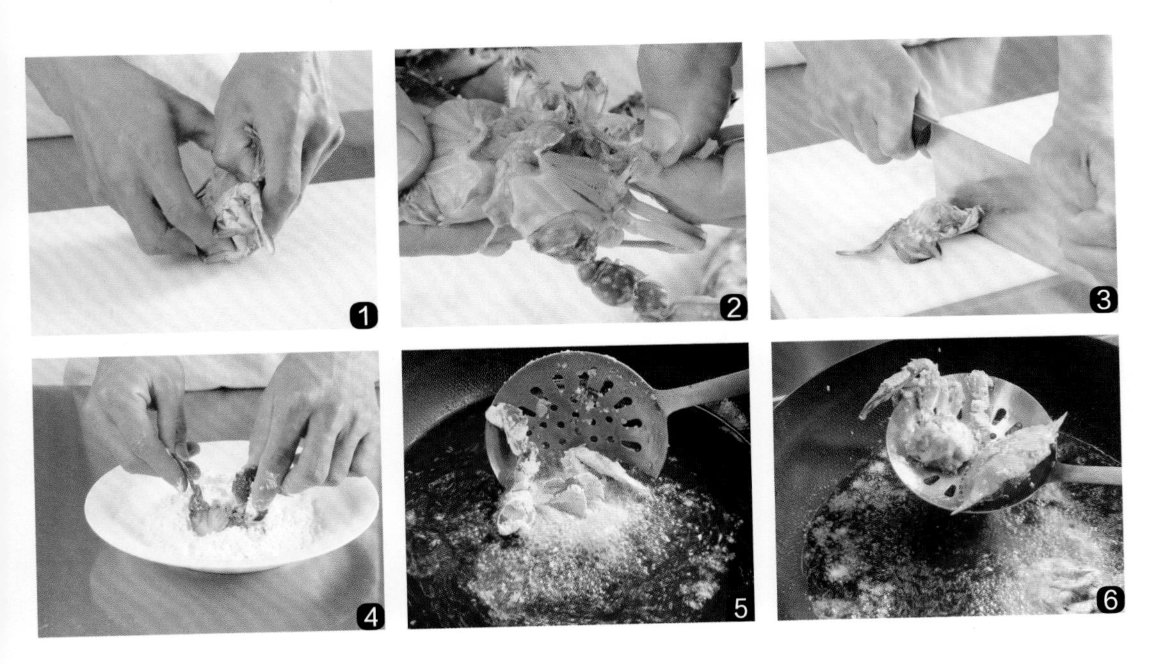

螃蟹蒸蛋

原料◎调料

螃蟹…………… 1只
鸡蛋…………… 4个
葱花……………15克
白酒…………… 少许
蒸鱼豉油……… 适量

制作步骤

1. 螃蟹放在容器内，倒入白酒去腥，再用刷子刷洗干净，摆在盘内，放入蒸锅内蒸5分钟，取出，滗出蒸螃蟹汤汁，加入少许温水调匀。
2. 大碗中磕入鸡蛋，打散成鸡蛋液，加入螃蟹汁调匀成鸡蛋液，取一半鸡蛋液倒入深盘内，上屉用旺火蒸5分钟成鸡蛋羹。
3. 取出鸡蛋羹，摆上螃蟹，把剩余的鸡蛋液浇在螃蟹上，继续上屉蒸5分钟，取出，撒上葱花，淋上烧热的蒸鱼豉油，即可上桌食用。

芝士焗龙虾仔

原料◎调料

龙虾仔1只，薯泥100克，法香碎5克，香草少许。

蒜碎、巴拿马芝士碎各20克，白兰地酒2小匙，黄油100克，食用金箔、精盐、胡椒粉各少许。

制作步骤

1. 黄油与蒜碎、法香碎一同混合搅拌均匀成黄油酱汁；龙虾仔洗净，从背部剖开，加入精盐、胡椒粉、白兰地酒拌匀，腌渍几分钟。
2. 在切开的龙虾表面涂抹上拌好的黄油酱汁，再撒上巴拿马芝士碎。
3. 烤炉预热至220℃，放入龙虾仔烤10分钟至熟香且外表金黄，取出龙虾仔，码放在盘内，配以薯泥、香草、食用金箔即可。

第四章

汤羹炖品

丝瓜芽炖豆腐

原料◎调料

丝瓜芽……… 200 克
豆腐………… 150 克
大葱…………… 10 克
姜块……………… 5 克
精盐………… 1 小匙
料酒………… 2 小匙
香油…………… 少许
植物油……… 1 大匙

制作步骤

1. 丝瓜芽切成小段（图①），放入清水锅内，加入少许精盐焯烫一下，捞出，过凉，沥水。
2. 大葱去根和老叶，切成细末；姜块去皮，切成末；豆腐先切成2厘米厚的大片（图②），再切成2厘米见方的小块（图③）。
3. 净锅置火上，加上植物油烧热，放入姜末、葱末炝锅出香味，烹入料酒，加入清水煮至沸。
4. 加入豆腐块（图④），放入精盐（图⑤），用中火煮约10分钟，加入丝瓜芽段（图⑥），继续煮3分钟，淋上香油，出锅上桌即可。

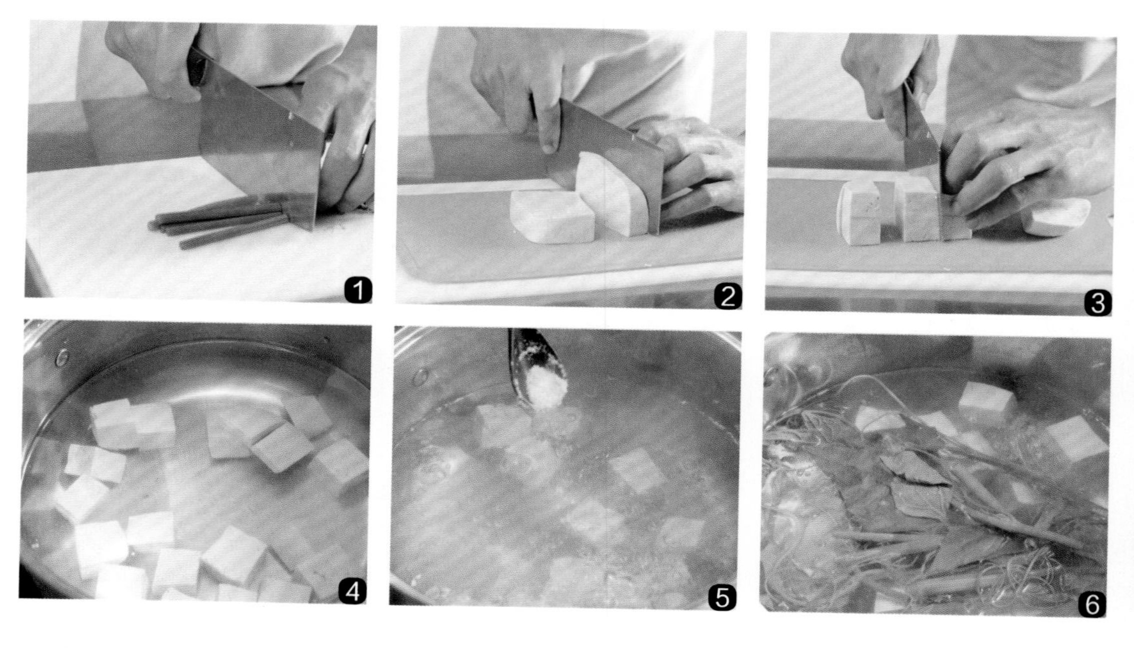

鸡汁芋头烩豌豆

原料◎调料

芋头 200 克，鸡胸肉、豌豆粒各 100 克，鸡蛋 1 个。

葱段、姜片各 10 克，精盐、胡椒粉各 1 小匙，料酒 2 小匙，水淀粉 1 大匙，植物油 2 大匙。

制作步骤

1. 豌豆粒洗净，沥水；芋头洗净，放入锅内蒸20分钟至熟，取出，凉凉，去皮，切成滚刀块。
2. 鸡胸肉洗净，切成小块，放入粉碎机中，磕入鸡蛋，加入葱段、姜片、料酒、少许胡椒粉、适量清水搅打成鸡汁。
3. 锅置火上，加入植物油烧热，倒入打好的鸡汁搅炒均匀，放入熟芋头块、豌豆粒和精盐煮5分钟，用水淀粉勾芡，加入胡椒粉即可。

棒骨炖酸菜

原料◎调料

酸菜丝……… 150克
棒骨……………… 1根
洋葱……………… 50克
香葱花………… 少许
精盐………… 1小匙
郫县豆瓣酱… 1大匙
植物油……… 2大匙

制作步骤

1. 棒骨刷洗干净，从中间斩断成大块，放入沸水锅内焯烫一下，捞出，换清水洗净，放在大汤碗内；洋葱剥去外皮，洗净，切成丝。
2. 净锅置火上，加入植物油烧至六成热，放入郫县豆瓣酱、洋葱丝炒出香辣味，加入酸菜丝和适量清水煮沸。
3. 离火，倒入盛有棒骨的汤碗内，再把汤碗放入蒸锅内，用旺火蒸1小时至熟香，加入精盐调好口味，撒上香葱花，出锅上桌即成。

南瓜鸡汤

原料◎调料

小南瓜…………　1个
鸡腿……………　1个
红枣……………30克
花生米…………20克
枸杞子…………10克
姜块……………15克
精盐…………　1小匙
料酒…………　1大匙
米醋……………　少许

制作步骤

1. 小南瓜洗净，切成两半（不去皮），挖去瓜瓤（图①），再将南瓜切成大块（图②）；姜块去皮，洗净，切成大片。

2. 鸡腿洗净血污，剁成大小均匀的块（图③）；红枣用清水洗净，去掉枣核；枸杞子洗净。

3. 锅置火上，倒入冷水，放入鸡腿块（图④），用旺火煮沸，烹入料酒，用中火焯烫5分钟，捞出鸡腿块，再用清水漂洗干净，沥净水分。

4. 鸡腿块再次放入冷水锅内，放入姜片、花生米、米醋和红枣（图⑤），用中火煮10分钟，加入小南瓜块，继续煮15分钟至熟香，加入精盐（图⑥），撒上枸杞子，出锅上桌即成。

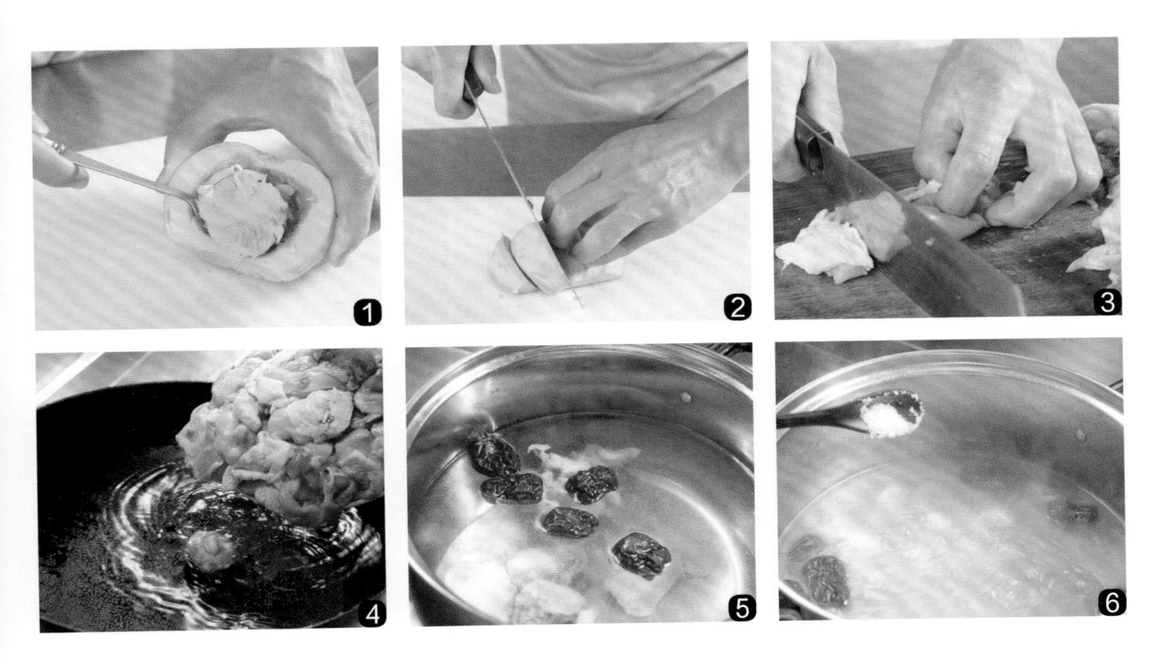

蚕豆奶油南瓜羹

原料◎调料

南瓜………… 200 克
鲜蚕豆……… 150 克
牛奶………… 250 克
面粉……………15 克
冰糖……………50 克
黄油………… 1 大匙

制作步骤

1. 南瓜去皮、去瓤，切成块，放入蒸锅内蒸8分钟，取出；鲜蚕豆去皮，放入清水锅中煮5分钟至熟，出锅，加入牛奶拌匀成蚕豆奶汁。
2. 蚕豆奶汁滗出一半，剩余蚕豆奶汁放入粉碎机中，加入冰糖粉碎成浆，再倒回蚕豆奶汁中。
3. 锅置火上，加入黄油和面粉炒香，倒入蚕豆奶汁煮至沸，倒入大碗中，放入熟南瓜块即可。

鸡汁土豆泥

原料◎调料

土豆200克，鸡胸肉100克，西蓝花、豌豆粒各25克，枸杞子15克。

葱段、姜片各5克，精盐、白糖、胡椒粉各少许，白葡萄酒、牛奶各4大匙，水淀粉2小匙。

制作步骤

1. 西蓝花取小花瓣，放入沸水锅内焯烫一下，捞出，过凉，沥水；土豆洗净，放入清水锅内煮至熟，取出土豆，凉凉，剥去外皮。
2. 熟土豆放在碗内压成土豆泥，加入精盐、牛奶搅匀，用平铲把土豆泥抹平，点缀上西蓝花。
3. 葱段、姜片、鸡胸肉放入搅拌机中，加入清水、胡椒粉、白葡萄酒、白糖、精盐搅打成鸡汁，取出，放入锅内煮至沸，加入豌豆粒和枸杞子，用水淀粉勾芡，浇在土豆泥上即可。

木耳瘦肉汤

原料◎调料

猪里脊肉…… 200克
油菜……………50克
木耳……………10克
红枣…………… 5个
枸杞子………… 少许
姜块……………10克
精盐………… 1小匙
胡椒粉…… 1/2小匙
淀粉…………… 少许
香油…………… 少许

制作步骤

1. 木耳放在容器内，倒入适量的清水（图①），待木耳涨发后，取出，去掉菌蒂，撕成块，放入沸水锅内焯烫一下（图②），捞出，沥水。
2. 猪里脊肉去掉筋膜，切成大片（图③），放在碗内，加入少许精盐和淀粉拌匀。
3. 油菜择洗干净，去掉菜根，顺长切成两半；红枣去掉枣核；姜块去皮，切成薄片（图④）。
4. 锅置火上，倒入清水，加入猪肉片、姜片煮5分钟（图⑤），加入红枣、水发木耳块和精盐（图⑥），用中火煮3分钟，加入油菜、枸杞子，放入胡椒粉，淋上香油，离火上桌即可。

双色如意鸳鸯羹

原料◎调料

净南瓜……… 200 克
豆沙………… 150 克
枸杞子………… 5 克
芝麻…………… 少许
冰糖………… 5 小匙
糖桂花……… 1 大匙
水淀粉………… 适量
牛奶………… 250 克

制作步骤

1. 净南瓜放入蒸锅内蒸10分钟，取出，凉凉，去皮，放入搅拌器中，加入牛奶和少许清水搅打成南瓜蓉，倒入容器中；豆沙放入搅拌器中，加入糖桂花、清水打成豆沙蓉，倒入碗中。
2. 锅置火上，倒入豆沙蓉和冰糖熬煮片刻，用水淀粉勾芡，出锅成豆沙羹；锅置火上，倒入南瓜蓉煮至沸，用水淀粉勾芡，出锅成南瓜羹。
3. 取2个纸杯，用剪刀剪开后放在容器中摆成S型，分别倒入南瓜羹和豆沙羹，南瓜羹上撒上枸杞子，豆沙羹上撒上芝麻，取出纸杯即可。

银耳雪梨羹

原料◎调料

雪梨…………… 2个
荸荠………… 125克
银耳……………15克
枸杞子…………10克
冰糖……………50克
牛奶…………… 适量

制作步骤

1. 将银耳用清水浸泡至涨发，取出，撕成小块；雪梨洗净，削去外皮，去掉果核，切成大块；荸荠去皮，洗净，切成块；枸杞子洗净。
2. 将雪梨块、银耳块、荸荠块、冰糖放入电压力锅中，加入清水，盖上锅盖，中火压30分钟至浓稠，取出，倒入大碗中，撒上枸杞子。
3. 锅置火上，加入牛奶煮至沸，出锅，倒入盛有雪梨块、银耳块和荸荠块的大碗中即可。

砂锅排骨

原料◎调料

猪排骨………　400 克
细粉丝…………25 克
香葱……………15 克
枸杞子…………10 克
姜块……………10 克
精盐…………　2 小匙
料酒…………　1 大匙
胡椒粉……　1/2 小匙
味精……………　少许
香油…………　1 小匙

制作步骤

1 猪排骨洗净血污，剁成大块（图①），放入沸水锅内焯烫3分钟，捞出，换清水洗净，沥水。

2 细粉丝放在容器内，加入适量的温水浸泡至软（图②）；香葱去根和老叶，切成香葱花；枸杞子洗净；姜块去皮，切成小片。

3 砂锅置火上，加入清水、姜片和料酒烧沸，放入猪排骨块（图③），烧沸后改用小火煮30分钟，放入枸杞子（图④）。

4 加入胡椒粉、味精和精盐调好口味（图⑤），放入水发细粉丝（图⑥），用旺火煮3分钟，淋入香油，撒上香葱花，直接上桌即可。

氽白肉

原料◎调料

带皮五花肉… 400克
酸菜………… 150克
水发粉丝………75克
香葱……………15克
精盐………… 1小匙
胡椒粉…… 1/2小匙

制作步骤

1 带皮五花肉洗净，放入沸水锅内焯烫一下，捞出，再放入清水锅内煮至熟，捞出五花肉，凉凉，切成大片；香葱择洗干净，切成香葱花。

2 酸菜洗净，去根和老叶，攥净水分，切成丝，放入煮五花肉的原汤内，再下入熟五花肉片，加入精盐和胡椒粉，用小火煮10分钟。

3 撇去汤汁表面的浮沫，放入水发粉丝煮2分钟，撒上香葱花，出锅装碗即可。

五花肉炖豆腐

原料◎调料

豆腐 250 克，五花肉 100 克，小白菜 50 克。

葱花、姜片各 10 克，精盐、鸡精各少许，胡椒粉 1 小匙，料酒 1 大匙，植物油 4 小匙。

制作步骤

1. 把豆腐切成大块；五花肉去掉筋膜，切成大片；小白菜去根和老叶，洗净，切成段。
2. 净锅置火上，加入植物油烧至五成热，下入五花肉片、葱花、姜片炒出香味，烹入料酒，放入豆腐块和适量清水煮至沸。
3. 加入鸡精、精盐和胡椒粉，用小火炖5分钟，下入小白菜煮至熟，出锅装碗即可。

白芸豆蹄花汤

原料◎调料

净猪蹄………… 1个
白芸豆……… 100克
香葱……………15克
枸杞子………… 5克
葱段…………… 5克
姜块……………15克
花椒……………10克
精盐………… 1小匙
料酒………… 1大匙
香油………… 2小匙

制作步骤

1 净猪蹄先顺长分成两半，再把猪蹄剁成大块（图①）；白芸豆放在容器内，加入清水浸泡4小时（图②）；香葱洗净，切成香葱花。

2 枸杞子择洗干净；将猪蹄块放入煮沸的清水锅内，用旺火焯烫5分钟，撇去浮沫，捞出猪蹄块（图③）；姜块去皮，切成片。

3 净锅置火上，倒入清水，放入猪蹄块和泡好的白芸豆（图④），烧沸后撇去浮沫，用旺火煮15分钟（图⑤），离火，一起倒入高压锅内。

4 高压锅内再放入葱段、姜片、花椒、料酒和精盐（图⑥），盖上高压锅盖，置火上压30分钟，离火，稍凉，揭开高压锅盖，加入枸杞子、香葱花调匀，淋上香油即成。

虫草花龙骨汤

原料◎调料

猪排骨500克，甜玉米100克，虫草花、芡实各25克，枸杞子10克。

大葱15克，姜块10克，精盐2小匙，味精1小匙。

制作步骤

1. 大葱洗净，切成小段；姜块去皮，切成小片；甜玉米取嫩玉米粒；虫草花洗涤整理干净；芡实、枸杞子分别洗净，用清水浸泡。
2. 将猪排骨放入清水中洗净，剁成小段，放入沸水锅内焯烫一下，捞出，沥水。
3. 把葱段、姜片、猪排骨段、甜玉米粒、芡实、虫草花和枸杞子放入压力锅内，加入适量清水，盖上盖，用中火压30分钟至熟嫩，离火，加上精盐和味精调好口味，出锅装碗即可。

山药排骨煲

原料◎调料

猪排骨、山药各 200 克，香葱花、枸杞子各少许。

姜片、蒜片各 10 克，精盐、生抽各 1 小匙，蚝油、料酒各 1 大匙，排骨酱 2 小匙，鸡精、白糖各少许，植物油适量。

制作步骤

1 山药去皮，切成小块；猪排骨洗净，剁成小块，加入生抽、蚝油、料酒拌匀，腌渍5分钟，放入热油锅内炸至变色，捞出，沥油。

2 锅内留少许底油烧热，下入姜片、蒜片炝锅，放入排骨酱、蚝油、生抽和排骨块翻炒一下。

3 加上清水、料酒、精盐、白糖和鸡精，离火，倒入压力锅内压10分钟，取出，再倒入砂煲内，加入山药块、枸杞子煲至熟香，撒上香葱花，离火上桌即成。

海带玉米排骨汤

原料◎调料

猪排骨……… 300克
玉米………… 100克
胡萝卜…………75克
苦瓜……………75克
海带……………50克
枸杞子………… 5克
葱段……………10克
姜片……………10克
八角…………… 5个
精盐………… 2小匙
胡椒粉……… 1小匙
香油…………… 少许

制作步骤

1 海带洗净，打成海带结（图①）；苦瓜洗净，去掉苦瓜瓤，切成厚片；胡萝卜去根，削去外皮，切成厚片。

2 玉米洗干净，切成小段（图②）；猪排骨剁成段（图③），放入沸水锅中焯5分钟，撇去浮沫，捞出猪排骨段（图④），换清水洗净。

3 葱段、姜片、八角放入清水锅内，加入猪排骨（图⑤），用旺火煮沸，改用中火炖30分钟，捞出猪排骨；把锅内汤汁过滤，取净排骨汤。

4 锅复置火上，倒入净排骨汤，加上猪排骨段、海带结和玉米段煮15分钟，放入胡萝卜片、苦瓜片煮至熟（图⑥），撒上枸杞子，加入精盐和胡椒粉，淋上香油，出锅上桌即成。

酸汤牛肉

原料◎调料

牛肉………… 200 克
酸菜………… 150 克
金针菇……… 100 克
香葱……………10 克
泡椒……………10 克
小米椒………… 5 克
红椒丝………… 少许
鸡蛋…………… 1 个
精盐………… 1 小匙
胡椒粉……… 2 小匙
米醋………… 2 大匙
淀粉………… 1 大匙
植物油………… 适量

制作步骤

1 金针菇洗净，去根，撕成小条（图①）；酸菜洗净，切成小条（图②）；小米椒切成碎末；泡椒切成小段；香葱洗净，切成香葱花。

2 将牛肉切成大小均匀的片（图③），放入容器内，加入少许精盐拌匀，磕入鸡蛋，加入淀粉拌匀，上浆（图④）。

3 炒锅置火上，加入植物油烧热，倒入牛肉片，用手勺慢慢搅动以防止粘连，待把牛肉片炸至变色、断生时，捞出牛肉片（图⑤），沥油。

4 锅内加入酸菜条、小米椒、泡椒段煸香，加入清水、精盐、米醋、胡椒粉和金针菇煮至熟，捞出，放入汤碗内；锅内再加入牛肉片煮2分钟（图⑥），离火，倒在盛有金针菇的汤碗内，撒上香葱花、红椒丝即成。

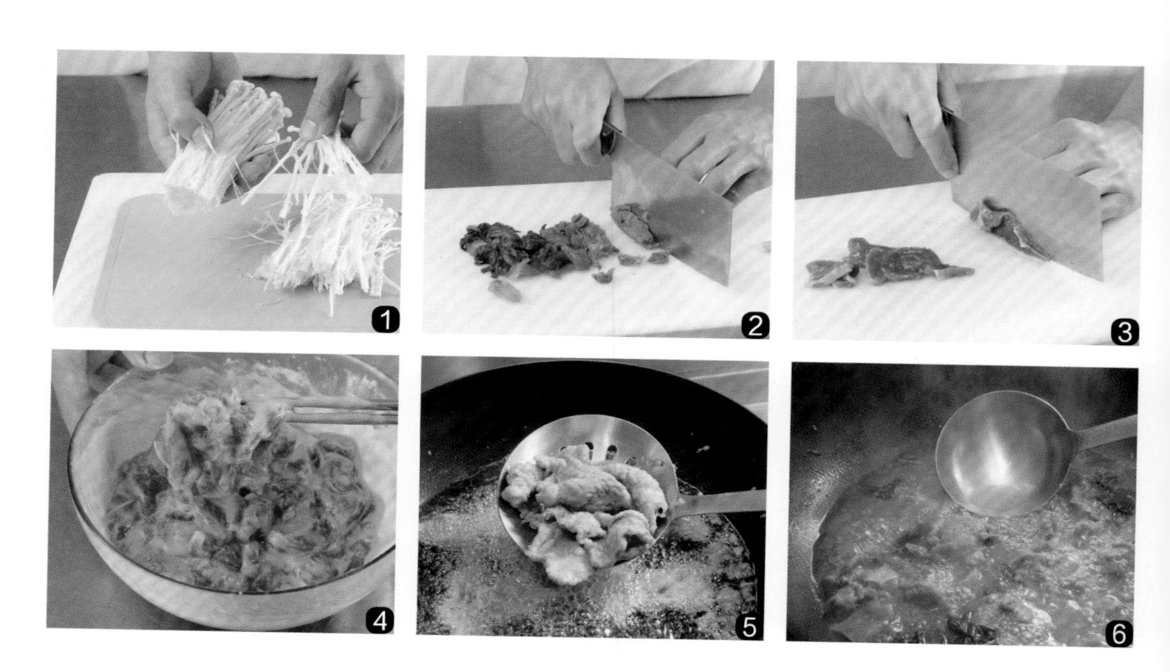

红枣花生煲凤爪

原料◎调料

鸡爪（凤爪）···250 克
净油菜心·········75 克
红枣···············50 克
花生米···········30 克
陈皮···········1 小块
精盐···········2 小匙

制作步骤

1. 鸡爪剥去黄皮，剁去爪尖，用清水漂洗干净，放入沸水锅内焯烫一下，捞出；红枣用清水浸泡几分钟，捞出，去掉果核，取净红枣果肉。
2. 砂锅置火上，倒入适量清水，放入红枣果肉、花生米和陈皮块煮至沸。
3. 加入鸡爪，用小火煮至鸡爪熟嫩，放入净油菜心稍煮，加入精盐调好口味，离火上桌即成。

肉羹太阳蛋

原料◎调料

猪肉末250克，净荸荠碎150克，鸡蛋3个，樱桃番茄、油菜心、净香菜各少许。

小葱、姜块各15克，精盐2小匙，生抽、蚝油各1小匙，料酒1大匙，味精、胡椒粉、水淀粉、香油、清汤各适量。

制作步骤

1. 猪肉末放入搅拌器内，加入料酒、精盐、香油、胡椒粉、鸡蛋（1个）、味精、清水、小葱和姜块，用中速搅打成猪肉蓉，取出。
2. 猪肉蓉加上净荸荠碎，磕入鸡蛋（2个）拌匀，倒入深盘内，摆上洗净的樱桃番茄加以点缀成肉羹太阳蛋生坯，放入蒸锅内蒸至熟，取出。
3. 把蒸肉羹的原汁滗入锅中，加入清汤、蚝油、胡椒粉、生抽、精盐、油菜心和净香菜烧沸，用水淀粉勾芡，出锅，浇在肉羹上即可。

当归乌鸡汤

原料◎调料

净乌鸡………… 1只
桂圆……………25克
当归……………10克
枸杞子………… 5克
大葱……………10克
姜块……………15克
精盐………… 1小匙
胡椒粉…… 1/2小匙
鸡精…………… 少许
料酒………… 1大匙

制作步骤

1 桂圆放在碗内，倒入温水浸泡片刻，取出桂圆，剥去外壳，取桂圆肉（图①）；姜块去皮，切成大片；大葱择洗干净，切成段。

2 净乌鸡去掉鸡尖（图②），剁成大小均匀的块（图③），洗净；当归、枸杞子分别洗净。

3 锅置火上，加入清水和料酒烧沸，倒入乌鸡块焯烫3分钟，捞出（图④），再换清水洗净。

4 将乌鸡块放入冷水锅内，放入葱段、姜片、当归（图⑤），烧沸后加入桂圆肉，用小火煮1小时至熟嫩（图⑥），加入精盐、鸡精和胡椒粉调好口味，撒上枸杞子稍煮，出锅上桌即成。

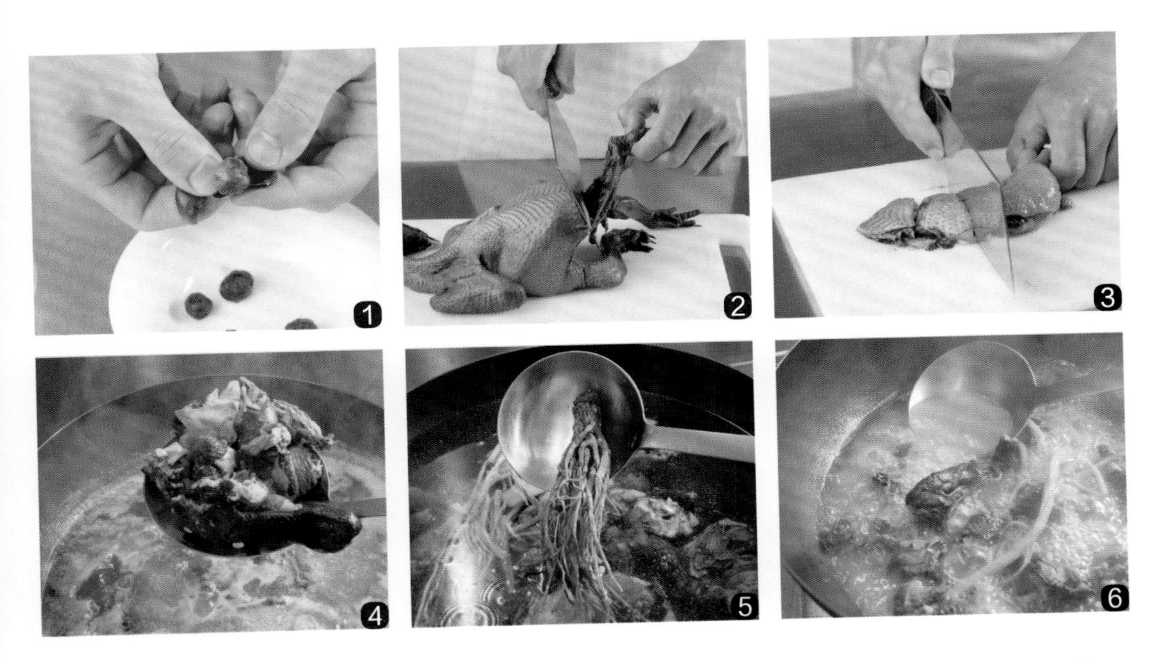

酸辣豆皮汤

原料◎调料

豆腐皮、菠菜各 100 克，水发木耳块 25 克，小米椒 10 克。

葱花、姜片各 15 克，精盐 1 小匙，鸡精 1/2 小匙，胡椒粉 2 小匙，米醋 2 大匙，植物油 1 大匙。

制作步骤

1. 豆腐皮用温水浸泡至涨发，切成长条；菠菜去根和老叶，洗净，切成段；把豆腐皮条、菠菜段放入沸水锅内焯烫一下，捞出，沥水。
2. 砂锅置火上，加入植物油烧至六成热，下入葱花、姜片、小米椒煸炒出香辣味。
3. 加入适量清水、精盐、鸡精、胡椒粉、米醋煮沸，放入豆腐皮条、水发木耳块、菠菜段煮至入味，撇去浮沫，出锅上桌即可。

菊香豆腐煲

原料◎调料

豆腐 200 克，鸡胸肉 100 克，净虾仁 75 克，净菊花瓣 25 克，鸡蛋清 2 个，净油菜心少许。

大葱、姜块各 15 克，精盐 2 小匙，料酒 4 小匙，味精、胡椒粉各少许，水淀粉 1 大匙。

制作步骤

1. 大葱、姜块放入粉碎机内，加入鸡胸肉、鸡蛋清、胡椒粉、少许净虾仁、豆腐和料酒，用高速打碎，加入精盐和味精搅匀成豆腐鸡肉糊。
2. 把豆腐鸡肉糊倒入容器内，放入蒸锅内，用旺火蒸15分钟，再加上净油菜心蒸2分钟，取出。
3. 净锅置火上烧热，加入料酒和清水烧沸，加入精盐、味精、胡椒粉调匀，用水淀粉勾芡，放入净虾仁煮至熟，出锅，倒在蒸好的豆腐煲上，撒上净菊花瓣，直接上桌即可。

小白菜豆腐汤

原料◎调料

豆腐………… 250 克
小白菜……… 200 克
枸杞子………… 5 克
姜块……………10 克
精盐………… 1 小匙
胡椒粉…… 1/2 小匙
香油……………… 少许
植物油……… 1 大匙

制作步骤

1 将小白菜洗净，去掉菜根（图①），切成小段（图②）；枸杞子洗干净；姜块削去外皮，切成小片。

2 把豆腐切成大片（图③），放入清水锅内，加上少许精盐和植物油焯烫一下，捞出豆腐片，用冷水过凉，沥净水分。

3 炒锅置火上，加上植物油烧热，放入姜片炝锅，倒入豆腐片（图④），加入适量的清水，用旺火煮10分钟（图⑤）。

4 加入小白菜段（图⑥），放入精盐、胡椒粉煮3分钟，放入枸杞子，淋上香油即可。

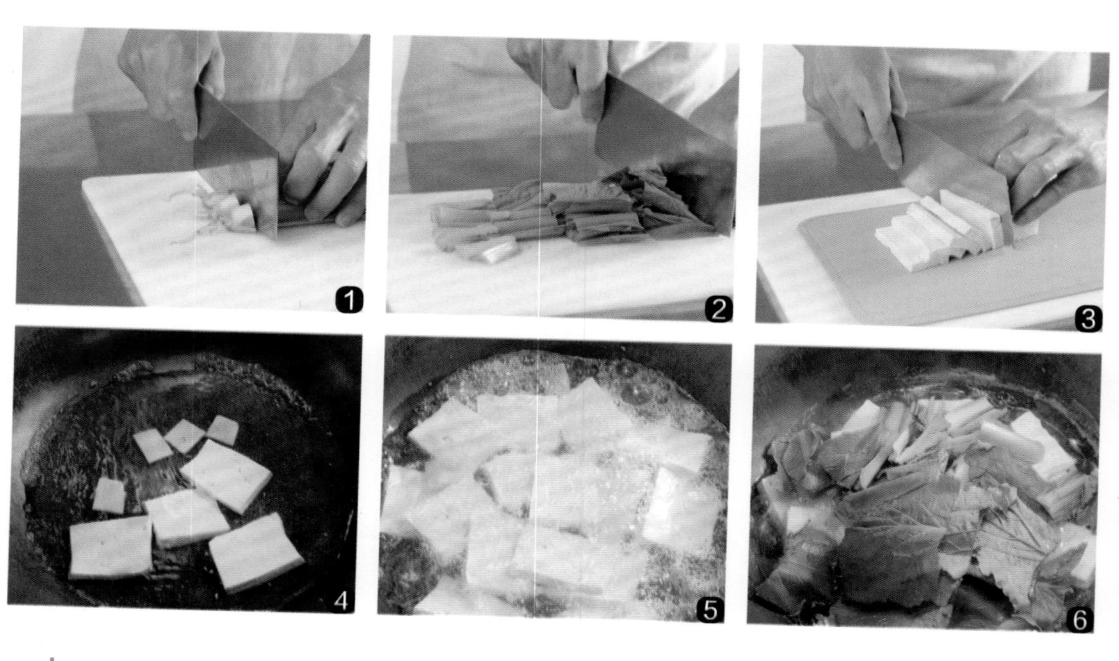

五彩豆腐羹

原料◎调料

豆腐200克，鲜虾100克，胡萝卜75克，香菇50克，豌豆粒、香葱花各少许，鸡蛋1个。

葱末、姜末各10克，精盐2小匙，胡椒粉1小匙，香油少许，水淀粉适量，植物油1大匙。

制作步骤

1. 豆腐切成丁；鲜虾剥去虾壳，去除虾线，切成丁；胡萝卜去皮，切成小丁；香菇去蒂，洗净，切成丁；鸡蛋磕在碗内，搅打成鸡蛋液。
2. 净锅置火上，加入清水和精盐烧沸，依次放入豌豆粒、胡萝卜丁、香菇丁焯烫2分钟，再放入鲜虾丁略焯一下，一起捞出，沥水。
3. 锅内加入植物油烧热，下入葱末、姜末炝锅，倒入沸水，放入豌豆粒、胡萝卜丁、香菇丁、鲜虾丁和豆腐丁，加入精盐、胡椒粉，淋入鸡蛋液和水淀粉，撒上香葱花，淋上香油即可。

蛋黄豆腐

原料◎调料

豆腐250克,鸭蛋黄75克,香菜、香葱各15克。

精盐1小匙,鸡精1/2小匙,生抽、水淀粉各1大匙,植物油适量。

制作步骤

1. 豆腐切成小丁,放入沸水锅内焯烫一下,捞出,沥水;香葱洗净,切成香葱花;香菜去根和老叶,切成碎末;鸭蛋黄压碎成蓉。
2. 净锅置火上,加入植物油烧热,下入鸭蛋黄蓉煸炒出香味,倒入适量清水煮至沸。
3. 放入豆腐丁煮5分钟,加入生抽、鸡精、精盐调好口味,用水淀粉勾薄芡,出锅,撒上香葱花、香菜末即可。

什锦鲜虾汤

原料◎调料

鲜虾………… 150 克
花蛤………… 100 克
鱼丸……………50 克
花菇……………15 克
油菜……………30 克
姜块……………10 克
精盐………… 1 小匙
胡椒粉…… 1/2 小匙
鸡精…………… 少许
料酒………… 1 大匙
花椒油……… 2 小匙

制作步骤

1 鲜虾从虾背部片开，挑出虾线（图①）；花菇放在容器内，倒入温水浸泡至涨发（图②），捞出花菇，攥净水分，去掉菌蒂。

2 油菜去根和老叶，用清水洗净，沥净水分，顺长切成两半；姜块洗净，去皮，切成大片；花蛤放入淡盐水中浸泡片刻，捞出。

3 锅置火上烧热，加入足量的清水，倒入花蛤煮2分钟（图③），放入姜片和鲜虾，用旺火煮至鲜虾变色（图④），倒入鱼丸煮3分钟。

4 烹入料酒，倒入花菇（图⑤），用旺火煮5分钟，加入胡椒粉、鸡精、精盐，放入油菜煮至熟（图⑥），淋上花椒油，出锅装碗即成。

鸡米豌豆烩虾仁

原料◎调料

虾仁150克，芡实（鸡头米）100克，豌豆粒50克，鸡蛋清1个。

葱末、姜末各5克，精盐、淀粉各2小匙，味精、胡椒粉各1/2小匙，水淀粉1大匙，植物油适量。

制作步骤

1. 虾仁去除虾线，洗净，放入碗中，加入少许精盐、味精、胡椒粉、鸡蛋清、淀粉调拌均匀，放入沸水锅内焯烫一下，捞出，沥水。
2. 芡实用清水浸泡30分钟，再放入清水锅中烧沸，转小火煮20分钟至熟嫩，取出。
3. 锅内加入植物油烧热，下入葱末、姜末炒香，加入清水、精盐、味精、胡椒粉烧沸，加入豌豆粒，用水淀粉勾芡，放入加工好的芡实和虾仁煮2分钟，出锅装碗即可。

鱼面筋烧冬瓜

原料◎调料

草鱼肉、冬瓜各200克，鲜香菇80克，鸡蛋2个，枸杞子、香菜末各少许。

葱丝、姜丝各10克，精盐、味精各1/2小匙，料酒4小匙，胡椒粉、淀粉各2小匙，水淀粉2大匙，植物油适量。

制作步骤

1. 草鱼肉切成小块，放入粉碎机中，磕入鸡蛋，加入料酒打碎成泥，倒入碗中，加入胡椒粉、精盐、淀粉搅拌均匀，挤成小丸子，放入热油锅内炸至浅黄色成鱼面筋，捞出，沥油。
2. 将冬瓜削去外皮，去掉瓜瓤，洗净，切成大块；鲜香菇去蒂，洗净，切成小块。
3. 锅内加入植物油烧热，下入葱丝、姜丝炝锅，加入清水、料酒、胡椒粉、精盐、味精、冬瓜块、香菇块烧沸，放入鱼面筋煮5分钟，用水淀粉勾芡，放入枸杞子，撒上香菜末即可。

猪肚海蛏汤

原料◎调料

蛏子………… 250 克
猪肚………… 200 克
小白菜…………50 克
香菜、小米椒…各 10 克
葱段……………15 克
花椒、八角… 各 3 克
干红辣椒……… 5 克
精盐………… 2 小匙
料酒、米醋 … 1 大匙
胡椒粉……… 1 小匙
清汤…………… 适量

制作步骤

1. 把蛏子刷洗干净，放入沸水锅内焯烫至开壳，捞出蛏子（图①），用冷水过凉，剥去外壳，去掉杂质（图②），取净蛏子肉。
2. 猪肚加入精盐和米醋，反复搓洗以去掉黏液，放入沸水锅内焯烫5分钟，捞出（图③）；小白菜、香菜分别洗净，切成小段；小米椒切碎。
3. 净锅置火上，加入清水、猪肚、葱段、花椒、八角、干红辣椒和料酒（图④），用中火煮40分钟至猪肚熟嫩，捞出，切成小条（图⑤）。
4. 锅置火上烧热，加入清汤、熟猪肚条和蛏子肉（图⑥），用旺火煮5分钟，加入精盐、胡椒粉和小白菜段稍煮，撒上米椒碎和香菜段即成。

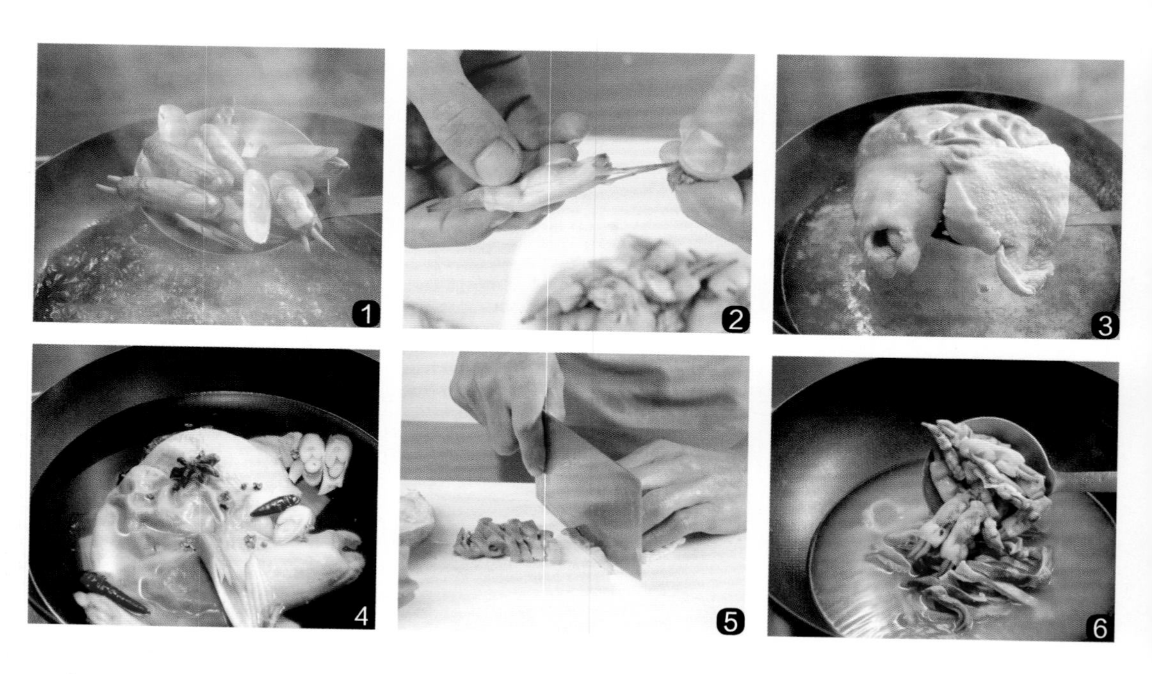

鲫鱼冬瓜汤

原料◎调料

净鲫鱼300克，冬瓜200克，香菜段25克。

葱段、姜块各15克，料酒1大匙，胡椒粉少许，精盐2小匙，植物油适量。

制作步骤

1. 把净鲫鱼放入热水锅内，快速焯烫一下，取出，刮净表面的黑膜，擦净水分，放入热油锅内稍煎，取出；冬瓜去皮，去瓤，切成片。
2. 砂锅置火上，加入适量清水烧沸，放入鲫鱼、葱段、姜块，加入料酒煮至沸，撇去表面浮沫，盖上砂锅盖，用旺火煮10分钟。
3. 下入冬瓜片煮至冬瓜片呈半透明状，捞出葱段、姜块不用，加入精盐、胡椒粉调好汤汁口味，撒上香菜段，出锅上桌即可。

胖头鱼汆丸子

原料◎调料

胖头鱼尾 300 克，猪五花肉 75 克，菠菜 50 克，韭菜 15 克，鸡蛋清 1 个。

葱末、姜末各 5 克，精盐、花椒粉各 1 小匙，鸡精 1/2 小匙，白胡椒粉少许，料酒、花椒水各 1 大匙，淀粉适量，香油少许。

制作步骤

1. 菠菜洗净，切成小段；韭菜切成碎末；猪五花肉剁成蓉；胖头鱼尾剔去鱼刺，取净鱼肉，剁成蓉，加入五花肉蓉、葱末、姜末拌匀。
2. 再加入花椒粉、料酒、花椒水、精盐、鸡精、白胡椒粉、香油、鸡蛋清和淀粉搅拌均匀成馅料，团成直径2厘米大小的鱼肉丸生坯。
3. 锅内加入清水烧沸，下入鱼肉丸生坯，加入鸡精、精盐、白胡椒粉煮至鱼丸浮起，放入菠菜段煮至熟，淋上香油，撒上韭菜碎即可。

第五章

主食小吃

菠萝火腿饭

原料◎调料

大米饭……… 400 克
菠萝…………… 1 个
火腿肠…………40 克
豌豆粒…………25 克
葡萄干…………15 克
葱花……………10 克
精盐………… 1 小匙
胡椒粉………… 少许
植物油……… 2 大匙

制作步骤

1. 把菠萝底部切掉，再把菠萝直立，从1/3处切开，用小刀在菠萝果肉上划刀（图①），取出菠萝果肉，再把菠萝果肉切成小块（图②）。
2. 火腿肠切成丁，和豌豆粒一起放入沸水锅内焯烫一下，捞出（图③），过凉，沥水。
3. 锅内加上植物油烧热，加入葱花炝锅，放入大米饭翻炒至松散（图④），下入火腿肠丁和豌豆粒炒出香味，加上胡椒粉、精盐炒匀。
4. 再放入菠萝果肉小块（图⑤），用旺火翻炒均匀，离火，装入菠萝内（图⑥），撒上洗净的葡萄干，直接上桌即成。

茶香炒饭

原料◎调料

大米饭 400 克，虾仁 150 克，黄瓜、豌豆粒各 25 克，龙井茶 10 克，鸡蛋 3 个。

葱花 15 克，精盐 2 小匙，胡椒粉少许，植物油适量。

制作步骤

1. 将龙井茶放入茶杯内，倒入沸水浸泡成茶水，捞出茶叶；虾仁去掉虾线，洗净，从虾背部切开，放入烧热的油锅内炒至熟，取出。
2. 大米饭放入容器中，磕入鸡蛋并搅拌均匀；黄瓜洗净，切成丁。
3. 锅置火上，加入植物油烧热，放入大米饭翻炒片刻，加入胡椒粉、精盐、豌豆粒、黄瓜丁、葱花、熟虾仁炒匀，放入茶叶，出锅，码放在大盘内，再把龙井茶水浇在炒饭周围即可。

咖喱牛肉饭

原料◎调料

牛肉200克，大米饭、土豆、洋葱、胡萝卜各适量。

姜片10克，香叶、八角、花椒、精盐各少许，面粉、酱油、料酒各1大匙，黄油、咖喱块各适量。

制作步骤

1. 土豆去皮，切成块；洋葱切成细丝；胡萝卜去皮，切成小块；牛肉切成大块，放入高压锅内，加入清水、姜片和料酒压25分钟。
2. 锅内放入少许黄油炒出香味，加入土豆块、洋葱丝和胡萝卜块炒匀，放入八角、香叶、花椒、精盐和料酒煸炒5分钟，离火，倒入盛有牛肉的高压锅内，再压几分钟。
3. 大米饭扣在大碗内；锅内加入黄油和面粉炒香，倒入压好的牛肉和蔬菜，加入咖喱块和酱油烧5分钟成咖喱牛肉，倒在大米饭旁边即成。

火腿玉米炒饭

原料◎调料

大米…………125 克
胡萝卜………100 克
玉米粒…………75 克
青豆粒…………25 克
火腿肠…………25 克
香葱……………10 克
精盐…………1 小匙
胡椒粉…………少许
植物油…………适量

制作步骤

1 大米洗净，放入大碗内，倒入清水，放入蒸锅内，用旺火蒸15分钟至熟成大米饭（图①），取出，凉凉；香葱择洗干净，切成葱花。

2 火腿肠切成丁（图②）；青豆粒、玉米粒洗净；胡萝卜削去外皮，切成小丁（图③）。

3 锅内加入清水和少许精盐煮至沸，倒入胡萝卜丁、青豆粒和玉米粒焯烫至熟（图④），捞出，用冷水过凉，沥净水分。

4 净锅置火上，加上植物油烧至五成热，放入火腿肠丁、胡萝卜丁、青豆粒和玉米粒炒出香味，倒入大米饭炒匀（图⑤），加入精盐、胡椒粉，撒上香葱花，装盘上桌即成（图⑥）。

时蔬饭团

原料◎调料

大米饭400克，鲜香菇、冬笋、胡萝卜、水芹、腌黄瓜、煮花生米、紫菜条各适量，熟芝麻少许。

精盐1/2大匙，味精少许，香油1小匙，植物油适量。

制作步骤

1. 鲜香菇去蒂，切成小丁；冬笋、胡萝卜分别洗净，均切成小丁；水芹择洗干净，切成小粒；腌黄瓜用清水浸泡并洗净，切成小丁。
2. 锅中加入植物油烧热，下入香菇丁、冬笋丁、胡萝卜丁和芹菜粒煸炒一下，加入精盐、味精翻炒均匀，离火，倒在容器内。
3. 容器内再放入煮花生米、大米饭翻拌均匀，加入腌黄瓜丁，淋入香油，撒上熟芝麻拌匀，团成小饭团，用紫菜条卷起，码盘上桌即可。

比萨米饼

原料◎调料

大米、糯米各 60 克，即食奶酪 50 克，西餐火腿 40 克，洋葱、番茄、青椒丝各 25 克，鸡蛋 1 个。

精盐少许，沙拉酱 4 小匙，番茄酱、黄油各 1 大匙，植物油少许。

制作步骤

1. 大米、糯米淘洗干净，一同放入碗中，放入蒸锅中蒸熟成米饭；西餐火腿切成小条；洋葱切成小片；黄油切成片；番茄切成小瓣；即食奶酪切成丝；鸡蛋磕入碗中打匀成鸡蛋液。
2. 煎锅置火上烧热，刷上一层植物油，放上米饭并抹平，淋入鸡蛋液，用小火慢煎，再均匀地抹上番茄酱，撒上精盐。
3. 摆放上西餐火腿条、洋葱片、青椒丝、即食奶酪丝、黄油片、番茄瓣，淋入沙拉酱，盖上锅盖，转中火煎6分钟至熟香，出锅装盘即成。

香菇鸡肉粥

原料◎调料

大米…………… 75 克
鸡胸肉………… 1 块
鲜香菇………… 50 克
香葱…………… 15 克
枸杞子………… 少许
姜块…………… 10 克
精盐………… 1 小匙
料酒………… 1 大匙
植物油………… 少许

制作步骤

1 大米淘洗干净，再用清水浸泡30分钟；鸡胸肉放入冷水锅内，烹入料酒，用中火煮20分钟至熟，捞出（图①），凉凉，切成片（图②）。

2 鲜香菇洗净，去掉菌蒂，切成小条（图③）；姜块去皮，切成细丝（图④）；香葱去根和老叶，洗净，切成香葱花；枸杞子洗净。

3 净锅置火上烧热，加入冷水，倒入浸泡好的大米，先用旺火煮沸，淋入植物油，改用中火熬煮30分钟成大米粥，撒上姜丝（图⑤）。

4 加入精盐搅拌均匀，放入香菇条、熟鸡肉片（图⑥），继续煮至米粥浓稠、软烂，放入枸杞子，撒上香葱花，出锅上桌即成。

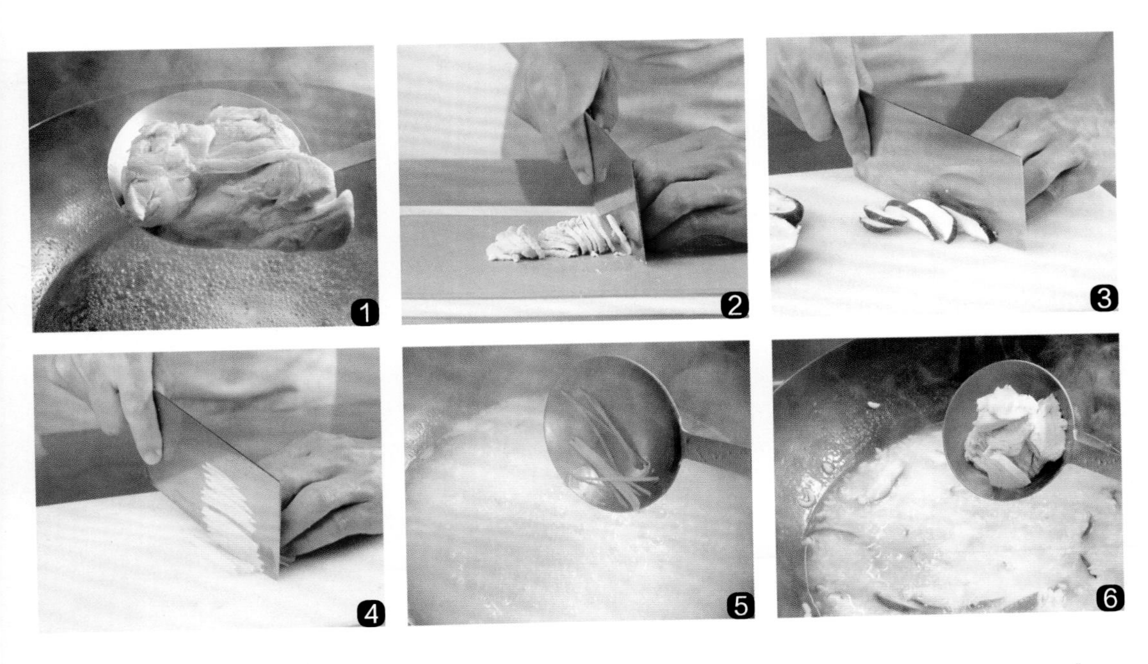

梅干菜包子

原料◎调料

发酵面团400克，梅干菜150克，猪肉末100克，冬笋25克。

小葱50克，姜末10克，精盐、胡椒粉、香油、白糖各少许，料酒、酱油各2大匙，水淀粉1大匙。

制作步骤

1. 梅干菜用清水浸泡至软，再换清水洗净，捞出，沥水，切成碎粒；小葱择洗干净，切成末；冬笋洗净，切成碎末。
2. 猪肉末放入热锅内炒至变色，倒入梅干菜碎、姜末、冬笋碎和小葱末炒匀，加入料酒、酱油、白糖、胡椒粉、精盐炒匀，用水淀粉勾芡，出锅，凉凉，加入香油拌匀成馅料。
3. 把发酵面团揉匀，揪成小面剂，擀成面皮，放上馅料，捏褶收口成包子生坯，稍饧，放入蒸锅内，用旺火蒸10分钟至熟，装盘上桌即可。

小白菜馅水煎包

原料◎调料

发酵面团500克，小白菜、水发粉丝各100克，鲜香菇75克，虾皮50克。

葱花10克，姜末5克，精盐、味精各1/2小匙，香油2小匙，植物油适量。

制作步骤

1. 小白菜洗净，放入沸水锅中焯烫一下，捞出，过凉，攥干水分，切成碎末；鲜香菇去蒂，切成小粒；水发粉丝切成小段。
2. 虾皮放入热油锅中炒出香味，取出，放在容器内，加入小白菜碎末、香菇粒、水发粉丝段、姜末、味精、精盐、香油搅拌均匀成馅料。
3. 把发酵面团下成小面剂，擀成薄皮，包入馅料成水煎包生坯，收口朝下放入热锅内，淋入少许植物油和清水，用中火煎焖至水分收干，再淋入少许植物油，撒上葱花，出锅装盘即可。

芹菜鸡肉饺

原料◎调料

面粉400克，鸡胸肉200克，芹菜75克，鸡蛋1个。

大葱、姜块各20克，精盐、味精各少许，香菇酱1大匙，胡椒粉1小匙，料酒2小匙，香油4小匙。

制作步骤

1. 鸡胸肉洗净，剁成蓉；姜块去皮，切成细末；大葱切成细末；芹菜择洗干净，切成细末。
2. 把鸡肉蓉放入容器内，磕入鸡蛋，加入葱末、姜末、香油、胡椒粉、精盐、味精拌匀，再放入料酒、香菇酱和芹菜末搅匀成馅料。
3. 面粉放入盆中，加入适量清水，揉搓均匀成面团，饧10分钟，搓成长条状，每15克下一个小面剂，擀成面皮，放入馅料，捏成半月形饺子生坯，放入沸水锅内煮至熟，装盘上桌即成。

三鲜饺子

原料◎调料

面粉400克，韭菜200克，猪肉末150克，虾仁75克，虾皮25克。

姜末25克，精盐2小匙，鸡精、白糖、植物油各少许，蚝油、香油各2小匙，海鲜酱油1大匙。

制作步骤

1. 韭菜洗净，切成碎末；虾仁去掉虾线；猪肉末放在容器内，加入姜末、精盐、鸡精、白糖、蚝油、海鲜酱油拌匀，再放入植物油、香油、虾皮、虾仁和韭菜碎搅拌均匀成三鲜馅料。
2. 面粉中加入少许精盐和清水和成面团，稍饧，搓成长条，下成每个重15克的面剂，擀成面皮，包上少许三鲜馅料，捏成三鲜饺子生坯。
3. 净锅置火上，加入清水、少许精盐烧沸，放入三鲜饺子生坯煮至熟，捞出，装盘上桌即可。

豆角焖面

原料◎调料

手擀面……… 250 克
豆角………… 200 克
猪里脊肉…… 100 克
红尖椒…………25 克
大葱……………10 克
蒜瓣……………25 克
精盐……… 1/2 小匙
酱油………… 1 大匙
香油………… 1 小匙
植物油………… 适量

制作步骤

1 蒸锅置火上，把手擀面平铺在蒸屉上，用旺火蒸10分钟（图①），取出；豆角洗净，撕去豆筋，掰成段（图②），放入烧热的油锅内炸至表面起泡、变软，捞出，沥油（图③）。

2 猪里脊肉去掉筋膜，先切成大片，再切成丝（图④）；蒜瓣去皮，切成蒜末；大葱洗净，切成末；红尖椒去蒂、去籽，切成丝。

3 净锅置火上，放入植物油烧至六成热，放入猪肉丝炒至变色，加入葱末和少许蒜末炒香，倒入豆角段（图⑤），加入精盐和酱油炒匀。

4 将蒸好的手擀面平铺在豆角段上（图⑥），盖上锅盖，用小火焖约5分钟，撒上蒜末，加上红尖椒丝炒匀，淋上香油，装盘上桌即成。

番茄蛋煎面

原料◎调料

细切面300克，番茄100克，黄瓜50克，水发木耳25克，鸡蛋1个。

精盐1小匙，味精少许，白糖、料酒各2小匙，水淀粉2大匙，植物油适量。

制作步骤

1. 黄瓜洗净，切成小片；水发木耳撕成小块；番茄放入沸水中浸烫一下，捞出，去皮，切成小块；鸡蛋磕入碗中，搅拌均匀成鸡蛋液。
2. 锅内加入植物油烧热，放入鸡蛋液略炒，放入番茄块、水发木耳块、精盐、白糖、味精、料酒和清水烧沸，用水淀粉勾芡，出锅，装碗，放入黄瓜片拌匀成鸡蛋番茄卤。
3. 细切面放入清水锅内煮至熟，捞出，过凉，加入少许植物油拌匀，放入热油锅内煎至两面焦黄，出锅，放在盘内，浇入鸡蛋番茄卤即可。

韩式拌意面

原料◎调料

意大利面300克，鲜墨斗鱼100克，黄瓜50克，白梨1个，熟芝麻15克。

葱末、蒜末各15克，精盐、白糖、白醋、香油各2小匙，味精1小匙，韩式辣酱2大匙，辣椒油4小匙。

制作步骤

1. 将鲜墨斗鱼洗涤整理干净，切成细丝；黄瓜、白梨分别洗净，均切成细丝。
2. 小碗内放入蒜末、葱末，加入韩式辣酱、精盐、香油、辣椒油、白糖、白醋、味精、熟芝麻搅拌均匀成酱汁。
3. 锅置火上，加入清水、少许精盐烧沸，放入意大利面煮至近熟，再放入墨鱼丝煮至熟透，一起捞出，过凉，沥净水分，加入酱汁调拌均匀，码放在盘中，撒上黄瓜丝、白梨丝即可。

糊塌子

原料◎调料

面粉………… 300 克
西葫芦……… 250 克
胡萝卜…………50 克
鸡蛋…………… 2 个
精盐………… 1 小匙
五香粉…… 1/2 小匙
植物油………… 适量

制作步骤

1 胡萝卜去根，削去外皮，切成细丝；西葫芦洗净，去掉瓜瓤，擦成细丝（图①），放在容器内，加上少许精盐拌匀（图②），腌渍出水分，再用手攥净水分。

2 把西葫芦丝、胡萝卜丝放在容器内，磕入鸡蛋（图③），加上精盐、五香粉、少许清水和面粉（图④），搅拌均匀成西葫芦面糊。

3 平底锅置火上，刷上一层植物油并烧热，倒入西葫芦面糊摊平成薄饼（图⑤），用中火煎至两面熟香（图⑥），出锅上桌即可。

玉米烙

原料◎调料

玉米粒罐头… 250克
葡萄干………… 30克
白糖………… 2大匙
淀粉………… 3大匙
植物油………… 适量

制作步骤

1 从玉米粒罐头中取出玉米粒，加入葡萄干，一起倒入沸水锅内焯烫一下，捞出，沥水，加入白糖、淀粉搅拌均匀成玉米糊。

2 净锅置火上，加入少许植物油烧热，把玉米糊平铺在锅底，用喷壶喷湿玉米糊表面，中火煎烙至熟成玉米烙。

3 再用旺火加热，并在玉米烙周围淋上少许烧热的植物油，出锅，用厨房用纸吸净玉米烙的油脂，切成条块，装盘上桌即可。

五谷春韭糊饼

原料◎调料

玉米面、黄豆面、小米面、绿豆面各适量，韭菜 200 克，胡萝卜 100 克，虾皮 50 克，鸡蛋 3 个，黑芝麻少许。

精盐 1 小匙，味精 1/2 小匙，啤酒、香油、植物油各适量。

制作步骤

1. 将玉米面、黄豆面、小米面、绿豆面按照7：1：1：1的比例放入容器内，加入啤酒和清水拌匀成面糊；韭菜洗净，切成细末；胡萝卜去皮，切成丝。
2. 鸡蛋磕入碗中，拌匀成鸡蛋液，放入热油锅中炒散，出锅，加入韭菜末、胡萝卜丝、虾皮、精盐、味精和香油搅拌均匀成馅料。
3. 把面糊均匀地倒在电饼铛上，加热至糊饼断生，将馅料均匀地摊放在糊饼上，继续加热2分钟至熟，撒上黑芝麻，取出，切成小块即可。

炒年糕

原料◎调料

年糕片……… 250 克
油菜………… 100 克
胡萝卜…………25 克
鸡蛋…………… 2 个
姜片、蒜片… 各 5 克
精盐………… 1 小匙
酱油………… 2 小匙
生抽………… 2 小匙
香油…………… 少许
植物油……… 2 大匙

制作步骤

1 净锅置火上，加入清水和少许精盐，倒入年糕片（图①），烧沸后用中火煮3分钟，捞出年糕片，过凉，沥净水分；胡萝卜去皮，切成片。

2 油菜去根和老叶，取净油菜心（图②）；鸡蛋磕在碗内，搅打成鸡蛋液（图③），倒入热油锅内煸炒至熟（图④），取出。

3 净锅置火上，加上植物油烧至六成热，放入姜片、蒜片炝锅出香味，倒入年糕片翻炒均匀（图⑤），加入油菜心、胡萝卜片炒至熟。

4 加上精盐、酱油、生抽调好口味，倒入熟鸡蛋炒匀（图⑥），淋上香油，出锅装盘即可。

糯米烧卖

原料◎调料

馄饨皮10张，猪肉250克，糯米75克，冬笋末、香菇末、豌豆粒各少许。

葱末、姜末各10克，八角、桂皮各少许，精盐、白糖、胡椒粉各1小匙，料酒、酱油、香油、植物油各1大匙。

制作步骤

1. 猪肉剁成蓉，放在容器内，加入植物油拌匀；把淘洗好的糯米放入热锅内炒5分钟，出锅。
2. 锅中加上植物油烧热，加入葱末、姜末、八角、桂皮炒出香味，放入香菇末、冬笋末、猪肉蓉炒匀，放入精盐、料酒、胡椒粉、酱油和白糖，倒入糯米拌匀成猪肉糯米，出锅。
3. 把猪肉糯米放入蒸锅内蒸10分钟，出锅，凉凉，加入香油拌匀成糯米馅料，用馄饨皮包好成烧卖生坯，中间放一粒豌豆粒，放入蒸锅内，用旺火蒸至熟，出锅上桌即可。

焖炒蛋饼

原料◎调料

面粉 250 克，胡萝卜 1 根，韭菜 60 克，黄豆芽 50 克，鸡蛋 2 个。

蒜末 5 克，精盐 1 小匙，味精、胡椒粉各 1/2 小匙，酱油 2 小匙，米醋、料酒各 1 大匙，植物油 2 大匙。

制作步骤

1. 鸡蛋磕入小盆中，加入面粉、少许精盐和适量清水调成糊状，倒入烧热的平底锅内，煎烙成鸡蛋饼，取出，切成条；胡萝卜去皮，切成丝；韭菜洗净，切成小段；黄豆芽漂洗干净。
2. 锅置火上，加入植物油烧热，放入胡萝卜丝、黄豆芽炒匀，再放入鸡蛋饼条，加入精盐、酱油、料酒、胡椒粉和少许清水炒匀。
3. 转小火焖3分钟，放入韭菜段和蒜末，淋入米醋，加入味精翻炒均匀，出锅装盘即可。

土豆饼

原料◎调料

土豆………… 250 克
面粉………… 150 克
青尖椒………… 50 克
红尖椒………… 50 克
洋葱…………… 30 克
鸡蛋…………… 3 个
黄油………… 1 大块
精盐………… 2 小匙
植物油………… 适量

制作步骤

1 土豆削去外皮，用礤丝器擦成细丝（图①），放入淡盐水中浸泡片刻，捞出，沥水；洋葱洗净，先切成两半，再切成细丝（图②）。

2 红尖椒去蒂、去籽，洗净，切成碎粒；青尖椒去蒂、去籽，洗净，也切成粒（图③）。

3 把土豆丝、洋葱丝、黄油块、红尖椒粒和青尖椒粒放在容器内（图④），加上精盐和面粉，磕入鸡蛋，加入清水拌匀成浓糊（图⑤）。

4 平底锅置火上，倒入植物油烧热，取适量搅拌好的浓糊，倒入锅内煎烙至熟香（图⑥），出锅上桌即可。

奶油发糕

原料◎调料

面粉………… 400 克
鸡蛋…………… 6 个
果料……………… 适量
白糖………… 200 克
牛奶………… 4 大匙
黄油………… 3 大匙
酵母粉……… 2 小匙
苏打粉………… 少许

制作步骤

1. 鸡蛋磕入容器内，加入黄油、白糖搅匀；将酵母粉放在碗内，加入苏打粉和少许温水搅匀，倒入盛有鸡蛋液和黄油的容器内拌匀，放入面粉，加入牛奶调匀成糊状，发酵30分钟。
2. 将准备好的果料切成小丁，取一半果料丁，撒在容器底部，然后倒入发酵好的面糊，再把剩余的果料丁撒在上面成发糕生坯。
3. 蒸锅置火上，加入清水烧沸，放入发糕生坯，用旺火蒸约15分钟至熟，出锅上桌即可。

翡翠巧克力包

原料◎调料

面粉………… 400 克
菠菜………… 100 克
橙子皮………… 少许
发酵粉………… 3 克
巧克力……… 100 克
牛奶………… 150 克
黄油………… 1 大块

制作步骤

1. 锅置火上，加入黄油烧热，放入少许面粉、切碎的巧克力炒匀，然后加入牛奶炒至黏稠，出锅，倒入碗中，凉凉成馅心。

2. 橙子皮洗净，切成细丝；发酵粉放入碗中，加入温水拌匀；菠菜择洗干净，放入粉碎机中，加入少许清水搅打成菠菜泥。

3. 面粉放入盆中，加入橙皮丝、菠菜泥和发酵水揉匀，饧发30分钟，揉匀，搓条，下成面剂，擀成皮，包入馅心成巧克力包生坯，饧发20分钟，再放入蒸锅内蒸20分钟，取出上桌即可。

羊肉泡馍

原料◎调料

面馍…………300 克
羊肉…………300 克
香菜……………25 克
大葱、姜块 …各 10 克
干红辣椒………5 克
花椒、八角… 各 3 克
桂皮、香叶… 各少许
草果……………2 个
精盐……………小匙
料酒…………1 大匙
胡椒粉 …………少许
辣椒酱……………适量

制作步骤

1 面馍放在案板上，先切成长条（图①），再切成丁（图②）；大葱去根和老叶，洗净，切成小段；姜块洗净，削去外皮，切成菱形片。

2 羊肉放入清水锅内焯烫3分钟，捞出，沥水；香菜洗净，切成段；干红辣椒切成小段。

3 锅置火上，倒入清水，加入羊肉、葱段、姜片、料酒、干红辣椒、花椒、八角、香叶、草果和桂皮（图③），先用旺火烧沸，改用中火煮30分钟至熟，捞出羊肉，切成片（图④）。

4 净锅置火上烧热，滗入煮羊肉的原汤，放入面馍丁（图⑤），加上熟羊肉片煮3分钟，加上精盐、胡椒粉调好口味，出锅，倒在大碗内（图⑥），淋上辣椒酱，撒上香菜段即成。

栗蓉艾窝窝

原料◎调料

糯米饭……… 500 克
栗子………… 150 克
山楂糕条……… 30 克
黑芝麻………… 少许
白糖…………… 75 克
椰蓉…………… 适量
牛奶………… 120 克
植物油……… 2 大匙

制作步骤

1. 栗子剥去外壳，去掉皮膜，洗净，放入清水锅中煮至熟，捞出，沥水，再放入粉碎机中，加入牛奶一起搅打成栗子蓉，取出。
2. 净锅置火上，加入植物油烧热，倒入栗子蓉，用小火慢慢搅炒均匀，再加入白糖，继续炒至栗子蓉呈黏稠状，出锅，倒入盘中，凉凉。
3. 将糯米饭揉搓均匀，分成小块，按扁成皮，包入栗子蓉，团成球状，放入椰蓉中滚粘均匀，摆入盘中，放上山楂糕条和黑芝麻即可。

果仁酥

原料◎调料

面粉150克，核桃仁、松子仁、瓜子仁、芝麻各适量，鸡蛋黄2个。

白糖、植物油各4大匙，苏打粉1小匙。

制作步骤

1. 白糖放入容器内，加入鸡蛋黄和植物油拌匀，放入面粉、苏打粉、瓜子仁、松子仁、芝麻和少许核桃仁，慢慢搅拌并揉搓均匀，制成面团。
2. 将面团每15克下1个小剂，团成圆球，按上1个核桃仁，依次做好成果仁酥生坯。
3. 电饼铛预热，放入果仁酥生坯，用上下火120℃烤20分钟，取出，装盘上桌即可。

五谷丰登

原料◎调料

白玉米………… 1根
粽子…………… 2个
山芋…………… 1个
毛豆………… 100克
花生………… 100克
花椒…………… 5克
精盐………… 2小匙
白糖…………… 适量

制作步骤

1 白玉米剥去外皮，洗净，切成大小均匀的块（图①）；山芋洗净，削去外皮（图②），切成大块（图③）。

2 毛豆用清水洗净，沥净水分，用剪刀剪去两端（图④）；花生洗净，轻轻按压，使之开口，放在容器内，加入清水、毛豆、精盐和花椒拌匀，浸泡30分钟。

3 把加工好的白玉米块、粽子、山芋块、毛豆和花生码放在大盘中（图⑤），放入蒸锅内。

4 用旺火蒸约30分钟至熟（图⑥），取出白玉米块、粽子、山芋块、毛豆和花生，码放在另一盘内，带白糖一起上桌蘸食即可。

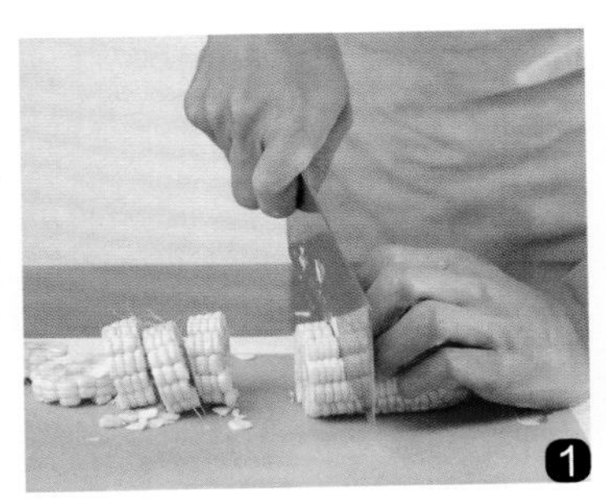
1

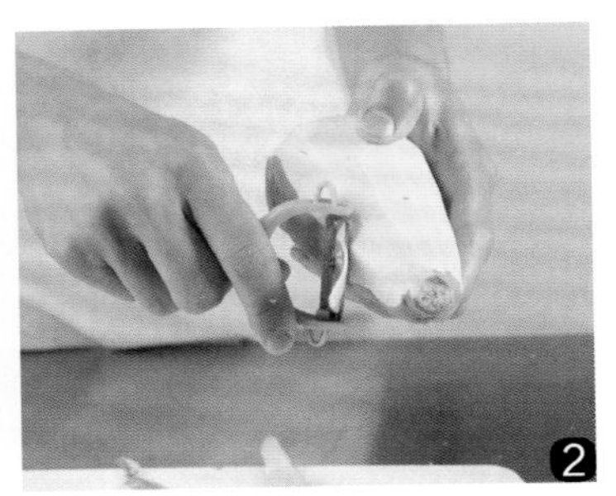
2

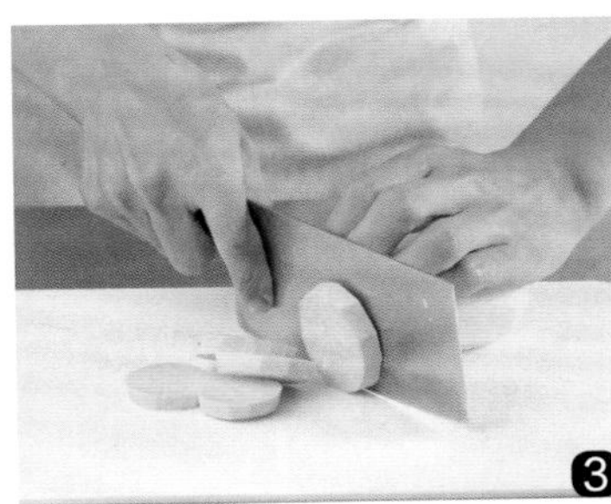
3

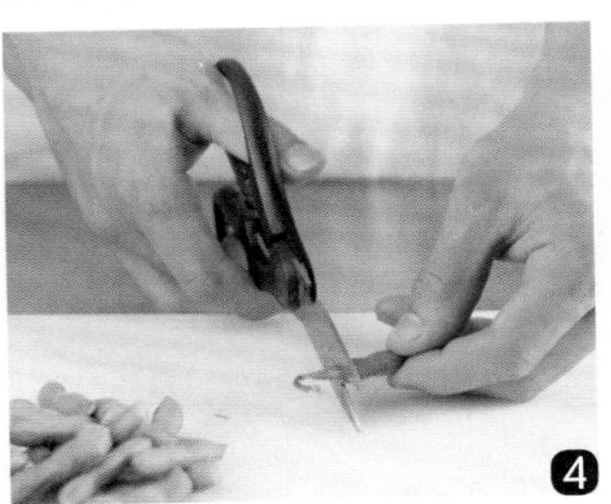
4

5

6

芝麻锅炸

原料◎调料

面粉………… 400克
牛奶………… 240克
熟芝麻……… 100克
鸡蛋…………… 2个
白糖………… 3大匙
淀粉………… 4小匙
植物油………… 适量

制作步骤

1. 熟芝麻放入粉碎机中粉碎，倒入碗中，加入白糖拌匀成芝麻白糖碎；鸡蛋磕入容器中，加入淀粉、牛奶、面粉搅拌均匀成鸡蛋奶糊。
2. 锅置火上，加入适量清水烧沸，慢慢倒入鸡蛋奶糊炒至黏稠，出锅，倒入容器中凉凉，取出，切成长方条，再蘸匀淀粉成锅炸条。
3. 锅置火上，加入植物油烧热，下入锅炸条冲炸一下，捞出，摆盘，撒上芝麻白糖碎即可。

桂花糯米枣

原料◎调料

糯米粉……… 200 克
红枣………… 150 克
芝麻…………… 25 克
桂花糖……… 2 小匙
蜂蜜………… 1 小匙
白糖………… 1 大匙
精盐…………… 少许
水淀粉……… 1 大匙

制作步骤

1 糯米粉放在容器内，倒入适量清水，揉搓均匀成糯米团；红枣去掉枣核，取净红枣果肉。

2 将糯米团分成小剂子，分别塞入红枣中成糯米枣生坯，放入蒸锅内，用旺火蒸约10分钟至熟，取出糯米枣，码放在盘内。

3 净锅置火上，加入少许清水、白糖、精盐、桂花糖、蜂蜜煮至沸，淋入水淀粉，用小火熬至浓稠，出锅，淋在糯米枣上，撒上芝麻即可。

特色套餐

● 四菜一汤一主食套餐（1）

擂椒茄子/14

白果莴笋虾/56

蟹粉狮子头/100

杏鲍菇炒甜玉米/67

丝瓜芽炖豆腐/138

羊肉泡馍/212

● 四菜一汤一主食套餐（2）

珊瑚苦瓜/13

芙蓉菜胆鸡/79

花椒肉/102

芙蓉海肠/90

五花肉炖豆腐/153

果仁酥/215

● 四菜一汤一主食套餐（3）

清爽沙拉/18

爆炒蚬子/94

五花肉卧鸡蛋/104

酒香红曲脆皮鸡/117

海带玉米排骨汤/158

糊塌子/200

● 六菜一汤一主食套餐（1）

蛋皮菜卷/40

温拌蜇头蛏子/49

干锅土豆片/60

迷迭香羊排/112

土豆牛腩/106

油爆河虾/89

菊香豆腐煲/167

玉米烙/202

● 六菜一汤一主食套餐（2）

富贵萝卜皮/21

新派蒜泥白肉/26

木耳炒肉/68

姜母鸭/118

番茄大虾/128

肉末豆腐/82

当归乌鸡汤/164

五谷丰登/216

● 八菜一汤一主食套餐（1）

浪漫藕片/12

口水鸡/34

姜汁炝芦笋/58

滑蛋虾仁/86

陈年普洱烧腩肉/101

鱼头花卷/124

芝麻腐干肉/85

避风塘带鱼/92

什锦鲜虾汤/172

咖喱牛肉饭/185

● 九菜一汤二主食套餐（2）

● 九菜一汤二主食套餐（1）

● 九菜一汤二主食套餐（2）

老虎菜/10　芥末鸭掌/36　萝卜干腊肉炝芹菜/55　辣炒牛柳/72

富贵芝麻虾/131　红焖羊腿/113　螃蟹蒸蛋/134　尖椒干豆腐/84

辣子鸡/80　鱼面筋烧冬瓜/175　菠萝火腿饭/182

土豆饼/208

● 九菜一汤二主食套餐（3）

热拌粉皮茄子/17　如意蛋卷/39　莲藕炒肉/52　苦瓜炒牛肉/74

酒酿鲈鱼/126　扒安格斯眼肉/108　柠檬鸭/120　鱼香脆茄子/62

酱爆八爪鱼/93　参须枸杞炖老鸡/116　豆角焖面/196　桂花糯米枣/219

图书在版编目（CIP）数据

爱上家常菜 / 李光健主编. -- 长春 : 吉林科学技术出版社, 2019.9
ISBN 978-7-5578-6036-3

Ⅰ. ①爱… Ⅱ. ①李… Ⅲ. ①家常菜肴—菜谱 Ⅳ. ①TS972.127

中国版本图书馆CIP数据核字(2019)第188770号

爱上家常菜

AISHANG JIACHANGCAI

主　　编　李光健
出 版 人　李　梁
责任编辑　张恩来
封面设计　雅硕图文工作室
制　　版　雅硕图文工作室
幅面尺寸　172 mm × 242 mm
字　　数　250千字
印　　张　14
印　　数　1-6 000册
版　　次　2019年9月第1版
印　　次　2019年9月第1次印刷
出　　版　吉林科学技术出版社
发　　行　吉林科学技术出版社
地　　址　长春市净月区福祉大路5788号出版集团A座
邮　　编　130021
发行部电话/传真　0431-81629529　81629530　81629531
81629532　81629533　81629534
储运部电话　0431-86059116
编辑部电话　0431-85610611
网　　址　www.jlstp.net
印　　刷　吉林省创美堂印刷有限公司
书　　号　ISBN 978-7-5578-6036-3
定　　价　49.90元